工程施工图识读入门系列丛书

建筑电气施工图识读入门

本书编写组　编

中国建材工业出版社

图书在版编目(CIP)数据

建筑电气施工图识读入门/《建筑电气施工图识读
入门》编写组编．—北京：中国建材工业出版社，
2013.1（2019.9重印）
（工程施工图识读入门系列丛书）
ISBN 978-7-5160-0328-2

Ⅰ．①建… Ⅱ．①建… Ⅲ．①房屋建筑设备-电气设
备-建筑安装-工程施工-建筑制图-识别 Ⅳ.
①TU85

中国版本图书馆 CIP 数据核字(2012)第 263393 号

建筑电气施工图识读入门
本书编写组 编

出版发行：中国建材工业出版社
地 址：北京市海淀区三里河路 1 号
邮 编：100044
经 销：全国各地新华书店
印 刷：河北鸿祥信彩印刷有限公司
开 本：850mm×1168mm 1/32
印 张：11
字 数：338 千字
版 次：2013 年 1 月第 1 版
印 次：2019 年 9 月第 2 次
定 价：29.00 元

内 容 提 要

本书根据《房屋建筑制图统一标准》（GB/T 50001—2010）和《建筑电气制图标准》（GB/T 50786—2012）进行编写，详细介绍了建筑电气施工图识读的基础理论和方法。全书主要内容包括建筑电气工程图识读概述、建筑变配电工程图识读、送电线路工程图识读、建筑动力及照明工程图识读、建筑防雷接地工程图识读、建筑电气设备控制工程图识读、建筑弱电系统图识读等。

本书在编写内容上选取了入门基础知识，在叙述上尽量做到浅显易懂，可供建筑电气工程施工技术与管理人员使用，也可供高等院校相关专业师生学习时参考。

建筑电气施工图识读入门
编 写 组

主　　编：秦礼光
副主编：何晓卫　　汪永涛
编　　委：高会芳　　李良因　　马　静　　张才华
　　　　　梁金钊　　张婷婷　　孙邦丽　　许斌成
　　　　　蒋林君　　甘信忠　　刘海珍　　葛彩霞
　　　　　秦大为　　孙世兵　　徐晓珍

前　言

　　众所周知，无论是建造一幢住宅、一座公园还是一架大桥，都需要首先画出工程图样，其后才能按图施工。所谓工程图样，就是在工程建设中，为了正确地表达建筑物或构筑物的形状、大小、材料和做法等内容，将建筑物或构筑物按照投影的方法和国家制图统一标准表达在图纸上。工程图样是"工程界的技术语言"，是工程规划设计、施工不可或缺的工具，是从事生产、技术交流不可缺少的重要资料。工程技术人员在进行相关施工技术与管理工作时，首先要必须读懂施工图样。工程施工图的识读能力，是工程技术人员必须掌握的最基本的技能。

　　近年来，为了适应科学技术的发展，统一工程建设制图规则，保证制图质量，提高制图效率，做到图面清晰、简明，符合设计、施工、审查、存档的要求，满足工程建设的需要，国家对工程建设制图标准规范体系进行了修订与完善，新修订的标准规范包括《房屋建筑制图统一标准》（GB/T 50001—2010）、《总图制图标准》（GB/T 50103—2010）、《建筑制图标准》（GB/T 50104—2010）、《建筑结构制图标准》（GB/T 50105—2010）、《建筑给水排水制图标准》（GB/T 50106—2010）、《暖通空调制图标准》（GB/T 50114—2010）、《建筑电气制图标准》（GB/T 50786—2012）等。《工程施工图识读入门系列丛书》即是以工程建设领域最新标准规范为编写依据，根据各专业的制图特点，有针对性地对工程建设各专业施工图的内容与识读方法进行了细致地讲解。丛书在编写内容上，选取了入门基础知识，在叙述上尽量做到通俗易懂，以方便读者轻松地掌握工程图识读的基本要领，能够初步进行相关图纸的阅读，从而为能更好的工作和今后进一步深入学习打好基础。

　　丛书的编写内容包括各种投影法的基本理论与作图方法，各专业工程的相关图例，各专业工程施工相关知识，以及各专业施工图识读的方法与示例，在内容上做到基础知识全面、易学、易掌握，以满足初学者对施工图识读入门的需求。

本套丛书包括以下分册：

（1）建筑工程施工图识读入门

（2）建筑电气施工图识读入门

（3）水暖工程施工图识读入门

（4）通风空调施工图识读入门

（5）市政工程施工图识读入门

（6）装饰装修施工图识读入门

（7）园林绿化施工图识读入门

（8）水利水电施工图识读入门

本套丛书的编写人员大多是具有丰富工程设计与施工管理工作经验的专家学者，丛书内容是他们多年实践工作经验的积累与总结。丛书编写过程中参考或引用了部分单位和个人的相关资料，在此表示衷心感谢。尽管丛书编写人员已尽最大努力，但丛书中错误及不当之处在所难免，敬请广大读者批评、指正，以便及时修订与完善。

编　者

目　　录

第一章　建筑电气工程图识读概述

第一节　工程图纸基本规定

工程图是工程界的技术语言,它的绘制格式及各种表达方式都必须遵守相关的规定。因此,阅读建筑电气工程图之前必须熟悉这些基本规定。

一、图纸幅面与格式

1. 幅面尺寸及代号

图纸通常由图框线、标题栏、幅面线、装订线和对中标志组成,图样的幅面一般分为 A0 号、A1 号、A2 号、A3 号和 A4 号五种标准图幅,其具体的尺寸见表 1-1,格式如图 1-1～图 1-4 所示。

表 1-1　　　　　　　　　幅面及图框尺寸　　　　　　　　　mm

尺寸代号　　　　幅面代号	A0	A1	A2	A3	A4
$b \times l$	841×1189	594×841	420×594	297×420	210×297
c		10		5	
a			25		

注:表中 b 为幅面短边尺寸, l 为幅面长边尺寸, c 为图框线与幅面线间宽度, a 为图框线与装订边间宽度。

2. 标题栏

标题栏的方位一般是在图纸的右下角,如图 1-5 所示。标题栏中的文字方向为看图方向,即图中的说明和符号均应以标题栏为准。

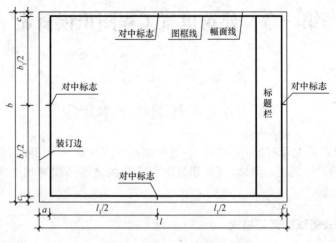

图 1-1　A0～A3 横式幅面(一)

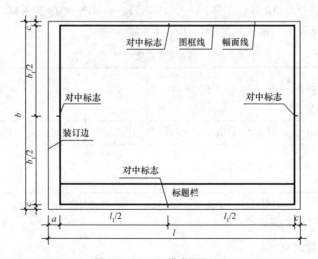

图 1-2　A0～A3 横式幅面(二)

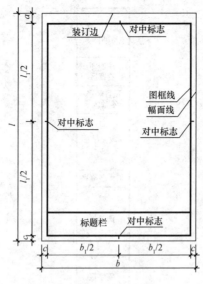

图 1-3　A0～A4 立式幅面(一)

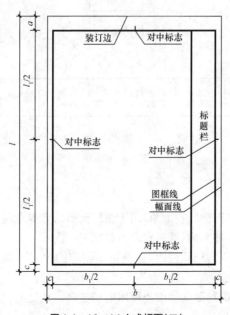

图 1-4　A0～A4 立式幅面(二)

(a)

(b)

图 1-5 标题栏

3. 会签栏

会签栏设在图样的左上角,用于图样会审时各专业负责人签署意见,应包括实名列和签名列,并应符合下列规定:

(1)涉外工程的标题栏内,各项主要内容的中文下方应附有译文,设计单位的上方或左方,应加"中华人民共和国"字样;

(2)在计算机制图文件中当使用电子签名与认证时,应符合国家有关电子签名法的规定。

二、图线与字体

1. 图线

绘制工程图样所用的各种线条统称为图线。建筑电气的图线宽度 b 应根据图纸的类型、比例和复杂程度,按现行国家标准《房屋建筑制图统一标准》(GB/T 50001—2010)中的规定选用。建筑电气的图线宽度 b 宜为 0.5、0.7、1.0(mm)。电气总平面图和电气平面图图样宜采用三种及以上的线宽绘制,其他图样宜采用两种及以上的线宽绘制。同一张图纸内,相同比例的各图样,宜选用相同的线宽组。同一个图样内,各种不同线宽组中的细线,可统一采用线宽组中较细的细线。图线的线型、线宽及用途,见表 1-2。

表 1-2　　　　　　　　　图线的线型、线宽及用途

名称		线　　型	线宽	一般用途
实线	粗		b	本专业设备之间电气通路连接线、本专业设备可见轮廓线、图形符号轮廓线
	中粗		$0.7b$	
			$0.7b$	本专业设备可见轮廓线、图形符号轮廓线、方框线、建筑物可见轮廓
	中		$0.5b$	
	细		$0.25b$	非本专业设备可见轮廓线、建筑物可见轮廓;尺寸、标高、角度等标注线及引出线
虚线	粗		b	本专业设备之间电气通路不可见连接线;线路改造中原有线路
	中粗		$0.7b$	
			$0.7b$	本专业设备不可见轮廓线、地下电缆沟、排管区、隧道、屏蔽线、连锁线
	中		$0.5b$	
	细		$0.25b$	非本专业设备不可见轮廓线,地下管沟、建筑物不可见轮廓等

续表

名称		线　　型	线宽	一般用途
波浪线	粗	〰〰	b	本专业软管、软护套保护的电气通路连接线、蛇形敷设线缆
	中粗	〰〰	$0.7b$	
单点长画线		— · — · —	$0.25b$	定位轴线,中心线,对称线,结构、功能、单元相同围框线
双点长画线		— ·· — ·· —	$0.25b$	辅助围框线,假想或工艺设备轮廓线
折断线		—〵—	$0.25b$	断开界线

2. 字体

图纸上所需书写的文字、数字或符号等,均应笔画清晰、字体端正、排列整齐,标点符号应清楚正确。图样中本专业的汉字标注字高不宜小于3.5mm,主导专业工艺、功能用房的汉字标注字高不宜小于3.0mm,字母或数字标注字高不应小于2.5mm。

三、比例

电气总平面图和电气平面图的制图比例,宜与工程项目设计的主导专业一致,采用的比例,宜符合表1-3的规定,并应优先采用常用比例。如果按比例制图,宜在图样中标注比例尺。一般情况下,一个图样应选用一种比例。选用两种比例时,应做说明。

表1-3　　　　　　　　　　　比例

序号	图名	常用比例	可用比例
1	电气总平面图、规划图	1:500、1:1000、1:2000	1:300、1:5000
2	电气竖井、设备间、电信间、变配电室等平、剖面图	1:20、1:50、1:100	1:25、1:150

续表

序号	图名	常用比例	可用比例
3	电气平面图	1∶50、1∶100、1∶150	1∶200
4	电气详图、大样图	10∶1、5∶1、2∶1、1∶1、 1∶2、1∶5、1∶10、1∶20	4∶1、1∶25、1∶50

四、标注

1. 建筑电气设备的标注

建筑电气设备的标注应符合下列规定：

(1)宜在用电设备的图形符号附近标注其额定功率和参照代号。

(2)对于电气箱(柜、屏)，应在其图形符号附近标注设备参照代号，并宜标注设备安装容量。

(3)对于照明灯具，宜在其图形符号附近标注灯具的数量、光源数量、光源安装容量、安装高度和安装方式。

2. 建筑电气线路的标注

建筑电气线路的标注应符合下列规定：

(1)应标注电气线路的回路编号或参照代号、线缆型号及规格、根数、敷设方式、敷设部位等信息。

(2)对于弱电线路，宜在线路上标注本系统的线型符号。

(3)对于封闭母线、电缆梯架、托盘和槽盒宜标注其规格及安装高度。

第二节　建筑施工图识读基本知识

识读建筑电气工程图，首先要学会识读建筑工程图。

一、建筑构造概述

1. 房屋的组成

建筑物虽然种类繁多，形式千差万别，而且在使用要求、空间组合、外形处理、结构形式、构造方式、规模大小等方面存在着种种不同，但却都可以视为由基础、墙或柱、楼地面、楼梯、屋顶、门窗等主要部分组成,另外还有其他一些配件和设施,如阳台、雨篷、通风道、烟道、垃圾道、壁橱等。

房屋是供人们生活、生产、工作、学习和娱乐的场所,与人们的日常生活密切相关。学习施工图,首先应该了解房屋的构造组成,如图1-6所示。

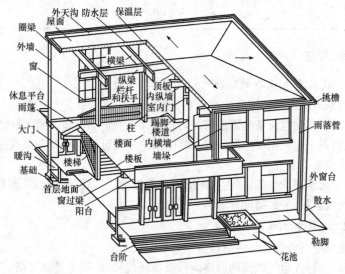

图1-6 房屋的构造组成

2. 建筑结构的类型

(1)砖木结构。砖木结构建筑物中,主要承重构件所用材料为砖和木材。

(2)砌体结构。砌体结构指由砌体结构构件和其他材料制成的构件所组成的结构。常用的砌体材料有各种黏土砖和混凝土小型空心砌块。

(3)混凝土结构。混凝土结构建筑的主要承重构件(如梁、柱、墙、楼板)所用材料均为钢筋混凝土,非承重墙一般采用轻质材料。钢筋混凝土结构,按其施工方式的不同又可分为现浇钢筋混凝土结构和预制装配式钢筋混凝土结构。

(4)钢结构。钢结构是由钢构件组成的结构,其优点是:强度高、重量轻、材质均匀、制作简单、运输方便等。一般用于超高建筑和工业建筑。

二、建筑施工图绘图有关规定

1. 定位轴线

在建筑工程图上,凡承重墙、柱、梁等承重构件的位置所画的轴线,称为定位轴线,如图1-7所示。定位轴线编号的原则是:在水平方向采用阿拉伯数字,由左向右注写;在垂直方向采用拉丁字母(I、O、Z不用)由下向上注写;这些数字与字母均用点画线引出。定位轴线可以帮助人们明确各种电气设备的具体安装位置,以及计算电气管线的长度等。

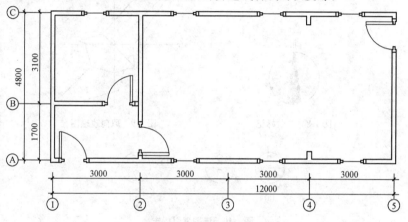

图 1-7　定位轴线标注示例

2. 方位与风向频率标记

(1)方位。工程平面图一般按上北下南、左西右东来表示建筑物和设备的位置和朝向。但在许多情况下都用方位标记(指北针方向)来表示朝向。方位标记如图1-8所示。

(2)风向频率标记。风向频率标记是在工程总平面图上表示该地区全面和夏季风向频率的符号。它是根据某一地区多年统计的风向发生频率的平均值,按一定比例绘制而成的。风向频率标记形似一朵玫瑰花,故又称为风向玫瑰图,如图1-9所示。

3. 详图及其索引

为了详细表明某些细部的结构、做法和安装工艺要求,有时需要将这部分单独放大,详细表示,这种图称为详图。根据不同的情况,详图可以与总图画在同一张图样上,也可以画在另外的图样上。这就需要用一标志将详图和总图联系起来,这种联系标志称为详图索引,如图 1-10 所示。图 1-10(a)表示 2 号详图与总图画在同一张图上;图 1-10(b)表示 2 号详图画在第 3 张图样上;图 1-10(c)表示 5 号详图被索引在第 2 张图样上,可采用编号为 J103 的标准图集中的标准图。

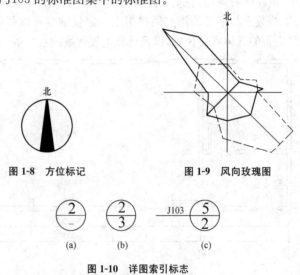

图 1-8　方位标记　　　　图 1-9　风向玫瑰图

图 1-10　详图索引标志

三、建筑施工图种类

1. 总平面图

建筑总平面图是表明新建房屋基地所在范围内的总体布置的图样,主要表达新建房屋的位置和朝向,与原有建筑物的关系,周围道路、绿化布置及地形地貌等内容。建筑总平面图是新建房屋定位、土方施工以及绘制水、暖、电等管线总平面图和施工总平面图的依据。如图 1-11 所示为某小学学校总平面图,表明了拨地范围与现有道路和民房的关系。

2. 建筑平面图

建筑平面图实际上是房屋的水平剖面图(除屋顶平面图外),是假想用一个水平面去剖切房屋,剖切平面一般位于每层窗台上方的位置,以保证剖切的平面图中墙、门、窗等主要构件都能剖到,然后移去平面上方

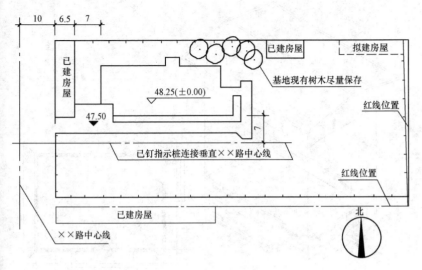

图 1-11 某小学学校总平面图

的部分,对剩下的房屋作正投影所得到的水平剖面图,习惯上称为平面图。

一般来说,多层房屋就应画出各层平面图。沿底层门窗洞口切开后得到的平面图,称为底层平面图。沿二层门窗洞口切开后得到的平面图,称为二层平面图。依次可得到三层、四层平面图。当某些楼层平面相同时,可以只画出其中一个平面图,称其为标准层平面图(或中间层平面图)。如图 1-12 所示是一栋单层房屋建筑的平面图。

3. 建筑立面图

建筑立面图是投影面平行于建筑物各个外墙面的正投影图,如图 1-13所示。

立面图中反映主要出入口或房屋主要外貌特征的一面称为正立面图,其余的立面图则相应地称为背立面图、左侧立面图、右侧立面图。有时也可按房屋的朝向来命名立面图的名称,如南立面图、北立面图、西立面图、东立面图。立面图的名称还可以根据立面图两端的轴线编号来命名,如①~⑩立面图、⑩~①立面图等。

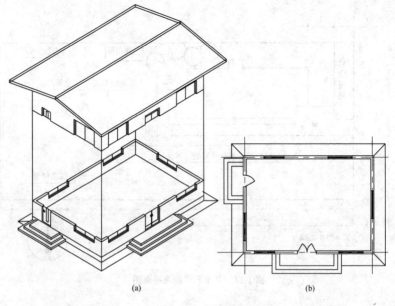

(a)　　　　　　　　　　　　(b)

图 1-12　平面图

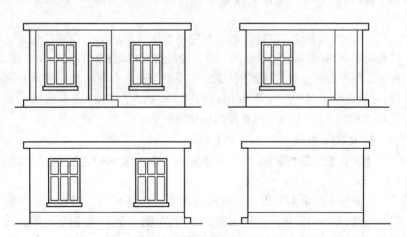

图 1-13　建筑立面图的形成

4. 建筑剖面图

　　建筑剖面图是指用一个竖直剖切面从上到下将房屋垂直剖开,移去一部分后绘出的剩余部分的正投影图,如图 1-14 所示。

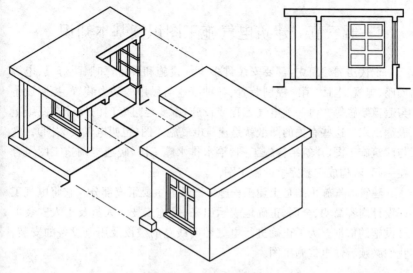

图 1-14　建筑剖面图

根据建筑物的实际情况和施工需要,剖面图有横剖面图和纵剖面图。横剖是指剖切平面平行于横轴线的剖切,纵剖是指剖切平面平行于纵轴线的剖切,如图 1-15 所示。建筑施工图中大多数是横剖面图。

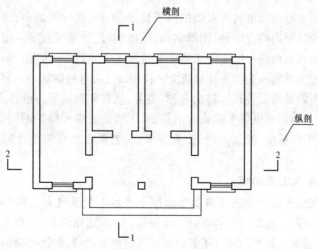

图 1-15　横剖和纵剖

第三节　建筑电气施工图识读基本知识

现代房屋建筑中,都要安装许多电气设施和设备,如照明灯具、电源插座、电视、电话、消防控制装置、各种工业与民用的动力装置、控制设备与避雷装置等。每一项电气工程或设施,都要经过专门的设计在图纸上表达出来。这些有关的图纸就是建筑电气施工图(也叫电气安装图)。它与建筑施工图、建筑结构施工图、给水排水施工图、暖通空调施工图组合在一起,就构成一套完整的施工图。

建筑电气施工图是土建工程施工图纸的主要组成部分。它将电气工程设计内容简明、全面、正确地表示出来,是施工技术人员及工人安装电气设施的依据。为了正确进行电气照明线路的敷设及用电设备的安装,我们必须看懂电气施工图。

一、建筑电气施工图组成及内容

由于每一项电气工程的规模不同,所以反映该项工程的电气图种类和数量也不尽相同,通常一项工程的电气工程图由以下几部分组成。

1. 首页

首页内容包括电气工程图的图纸目录、图例、设备明细表、设计说明等。图纸目录内容有序号、图纸名称、图纸编号、图纸张数等。图例使用表格的形式列出该系统中使用的图形符号或文字符号,通常只列出本套图纸中所涉及的一些图形符号或文字符号。设备材料明细表只列出该电气工程所需要的设备和材料的名称、型号、规格和数量等。设计说明(施工说明)主要阐述电气工程设计的依据、工程的要求和施工原则、建筑特点、电气安装标准、安装方法、工程等级、工艺要求及有关设计的补充说明等。

2. 电气总平面图

电气总平面图是在建筑总平面图上表示电源及电力负荷分布的图样,主要表示各建筑物的名称、外形、编号、坐标、道路形状、比例和图样方向等,通过电气总平面图可了解该项工程的概况,掌握电气负荷的分布及电源装置等。一般大型工程都有电气总平面图,中小型工程则由动力平面图或照明平面图代替,强电系统和弱电系统宜分别绘制电气总平面图图纸。

3. 电气系统图

电气系统图是用单线图表示电能或电信号接回路分配出去的图样,主要表示各个回路的名称、用途、容量以及主要电气设备、开关元件及导线电缆的规格型号等。通过电气系统图可以知道该系统的回路个数及主要用电设备的容量、控制方式等。建筑电气工程中系统图用得很多,动力、照明、变配电装置、通信广播、电缆电视、火灾报警、防盗保安、微机监控、自动化仪表等都要用到系统图。

绘制建筑电气系统图应注意以下几点:

(1)建筑电气系统图应表示出系统的主要组成、主要特征、功能信息、位置信息、连接信息等。

(2)建筑电气系统图应按功能布局、位置布局绘制,连接信息可采用单线表示。

(3)建筑电气系统图可根据系统的功能或结构(规模)的不同层次分别绘制。

(4)建筑电气系统图宜标注电气设备、路由(回路)等的参照代号、编号,并应采用用于系统的图形符号绘制。

4. 电气平面图

电气平面图是表示电气设备与线路平面位置的图纸,是进行建筑电气设备安装的重要依据。电气平面图包括外电总电气平面图和各专业电气平面图。外电总电气平面图是以建筑总平面图为基础,绘出变电所、架空线路、地下电力电缆等的具体位置并注明有关施工方法的图纸。专业电气平面图有变电所电气平面图、动力电气平面图、照明电气平面图、防雷与接地平面图等。由于电气平面图缩小的比例较大,因此不能表现电气设备的具体位置,只能反映电气设备之间的相对位置关系。

绘制建筑电气平面图应注意以下几点:

(1)建筑电气平面图应表示出建筑物轮廓线、轴线号、房间名称、楼层标高、门、窗、梁柱、平台和绘图比例等,承重墙体及柱宜涂灰。

(2)电气平面图应绘制出安装在本层的电气设备及敷设在本层和连接本层电气设备的线缆、路由等信息。进出建筑物的缆线,其保护管应注明与建筑轴线的定位尺寸、穿建筑外墙的标高和防水形式。

(3)建筑电气平面图应标注电气设备、线缆敷设路由的安装位置、参照代号、编号等。建筑电气平面图应采用用于平面图的图形符号绘制。

(4)电气平面图、剖面图中局部部位需另绘制详图或大样图时,应在局部部位处标注电气详图或电气大样图编号,在电气详图或电气大样图下方标注编号和比例。

(5)电气设备布置不相同的楼层应分别绘制其电气平面图;电气设备布置相同的楼层可只绘制其中一个楼层的电气平面图。

(6)建筑专业的建筑平面图采用分区绘制时,本专业的平面图也应分区绘制,分区部位和编号宜与建筑专业一致,并应绘制分区组合示意图。各区电气设备缆线连接处应加标注。

(7)建筑电气防雷接地平面图应在建筑物或构筑物建筑专业的顶部平面图上绘制接闪器、引下线、断接卡、连接板、接地装置等的安装位置及电气通路。

(8)强电和弱电应分别绘制电气平面图。

5. 电路图

(1)电路图应便于理解电路的控制原理及其功能,可不受元器件实际物理尺寸和形状的限制。

(2)电路图应表示元器件的图形符号、连接线、参照代号、端子代号、位置信息等。

(3)电路图应绘制主回路系统图。电路图的布局应突出控制过程或信号流的方向,并可增加端子接线图(表)、设备表等内容。

(4)电路图中的元器件可采用单个符号或多个符号组合表示。同一项工程同一张电路图,同一个参照代号不宜表示不同的元器件。

(5)电路图中的元器件可采用集中表示法、分开表示法、重复表示法表示。

(6)电路图中的图形符号、文字符号、参照代号等宜按《建筑电气制图标准》(GB/T 50786—2012)相关规定执行。

6. 接线图(表)

(1)建筑电气专业的接线图(表)宜包括电气设备单元接线图(表)、互连接线图(表)、端子接线图(表)、电缆图(表)。

（2）接线图（表）应能识别每个连接点上所连接的线缆，并应表示出线缆的型号、规格、根数、敷设方式、端子标识，宜表示出线缆的编号、参照代号及补充说明。

（3）连接点的标识宜采用参照代号、端子代号、图形符号等表示。

（4）接线图中元器件、单元或组件宜采用正方形、矩形或圆形等简单图形表示，也可采用图形符号表示。

（5）线缆的颜色、标识方法、参照代号、端子代号、线缆采用线束的表示方法等应符合《建筑电气制图标准》（GB/T 50786—2012）的规定。

7. 主要设备材料表及预算

电气材料表是把某一电气工程所需的主要设备、元件、材料和有关数据列成表格，表示其名称、符号、型号、规格、数量、备注等内容。应与图联系起来阅读，根据建筑电气施工图编制的主要设备材料和预算，作为施工图设计文件提供给建筑单位。

二、建筑电气施工图识读要点

1. 读图程序

阅读电气工程图时可按以下步骤进行：

（1）粗读。粗读就是将施工图从头到尾大概浏览一遍，主要了解工程的概况，做到心中有数。粗读主要是阅读电气总平面图、电气系统图、设备材料表和设计说明。

（2）细读。细读就是仔细阅读每一张施工图，并重点掌握以下内容：

1）每台设备和元件安装位置及要求。

2）每条管线缆走向、布置及敷设要求。

3）所有线缆连接部位及接线要求。

4）所有控制、调节、信号、报警工作原理及参数。

5）系统图、平面图及关联图样标注一致，无差错。

6）系统层次清楚、关联部位或复杂部位清楚。

7）土建、设备、采暖、通风等其他专业分工协作明确。

（3）精读。精读就是将施工图中的关键部位及设备、贵重设备及元件、电力变压器、大型电机及机房设施、复杂控制装置的施工图重新仔细阅读，系统熟练地掌握中心作业内容和施工图要求。

2. 读图要点

电气工程图读图要点,见表 1-4。

表 1-4　　　　　　　　　　　电气工程图读图要点

序号	项目	内　　容
1	设计说明	(1)工程规模概况、总体要求、采用的标准规范、标准图册及图号、负荷级别、供电要求、电压等级、供电线路及杆号、电源进户要求和方式、电压质量、弱电信号分贝要求等。 (2)系统保护方式及接地电阻要求、系统防雷等级、防雷技术措施及要求、系统安全用电技术措施及要求、系统对过电压和跨步电压及漏电采取的技术措施。 (3)工作电源与备用电源的切换程序及要求,供电系统短路参数,计算电流,有功负荷,无功负荷,功率因数及要求,电容补偿及切换程序要求,调整参数,试验要求及参数,大容量电动机启动方式及要求,继电保护装置的参数及要求,母线联络方式,信号装置,操作电源和报警方式。 (4)高低压配电线路类型及敷设方法要求、厂区线路及户外照明装置的形式、控制方式;某些具体部位或特殊环境(爆炸及火灾危险、高温、潮湿、多尘、腐蚀、静电和电磁等)安装要求及方法;系统对设备、材料、元件的要求及选择原则,动力及照明线路的敷设方法及要求。 (5)供配电控制方式、工艺装置控制方法及其联锁信号、检测、调节系统的技术方法及调整参数、自动化仪表的配置及调整参数、安装要求及其管线敷设要求、系统联动或自动控制的要求及参数、工艺系统的参数及要求。 (6)弱电系统的机房安装要求、供电电源的要求、管线敷设方式、防雷接地要求及具体安装方法、探测器、终端及控制报警系统安装要求,信号传输分贝要求、调整及试验要求。 (7)铁构件加工制作和控制盘柜制作要求,防腐要求,密封要求,焊接工艺要求,大型部件吊装要求,混凝土基础工程施工要求,标号、设备冷却管路试验要求、蒸馏水及电解液配制要求,化学法降低接地电阻剂配制要求等非电气的有关要求。 (8)所有图中交代不清,不能表达或没有必要图表示的要求、标准、规定、方法等。 (9)除设计说明外,其他每张图上的文字说明或注明的个别、局部的一些要求等,如,相同或同一类别元件的安装标高及要求等

序号	项目	内　　容
1	设计说明	(10)土建、暖通、设备、管道、装饰、空调制冷等专业对电气系统的要求或相互配合的有关说明、图样,如电气竖井、管道交叉、抹灰厚度、基准线等
2	电气总平面图	(1)建筑物名称、编号、用途、层数、标高、等高线,用电设备容量及大型电动机容量、台数,弱电装置类别,电源及信号进户位置。 (2)变配电所位置及电压等级、变压器台数及容量、电源进户位置及方式,架空线路走向、杆塔杆型及路灯、拉线布置,电缆走向、电缆沟及电缆井的位置、回路编号、电缆根数,主要负荷导线截面面积及根数,弱电线路的走向及敷设方式,大型电动机、主要用电负荷位置以及电压等级,特殊或直流用电负荷位置、容量及其电压等级等。 (3)系统周围环境、河道、公路、铁路、工业设施、电网方位及电压等级、居民区、自然条件、地理位置、海拔等。 (4)设备材料表中的主要设备材料的规格、型号、数量、进货要求及其他特殊要求等。 (5)文字标注和符号意义,以及其他有关说明和要求等
3	电气系统图	(1)进线回路数及编号、电压等级、进线方式(架空、电缆)、导线及电缆规格型号、计算方式、电流电压互感器及仪表规格型号与数量、防雷方式及避雷器规格型号与数量。 (2)进线开关规格型号及数量、进线柜的规格型号及台数、高压侧联络开关规格型号。 (3)变压器规格型号及台数、母线规格型号及低压侧联络开关(柜)规格型号。 (4)低压出线开关(柜)的规格型号及台数、回路数用途及编号、计量方式及表计,有无直控电动机或设备及其规格型号与台数、启动方式、导线及电缆规格型号,同时对照单元系统图和平面图查阅送出回路是否一致。 (5)有无自备发电设备或UPS,其规格型号、容量与系统连接方式及切换方式、切换开关及线路的规格型号、计算方式及仪表。 (6)电容补偿装置的规格型号及容量、切换方式及切换装置的规格型号

序号	项目	内　　容
4	动力系统图	(1)进线回路编号、电压等级、进线方式、导线电缆及穿管的规格型号。 (2)进线盘、柜、箱、开关、熔断器及导线规格的型号、计量方式及表计。 (3)出线盘、柜、箱、开关、熔断器及导线规格型号、回路个数用途、编号及容量,穿管规格、启动柜或箱的规格型号、电动机及设备的规格型号容量、启动方式,同时核对该系统动力平面图回路标号与系统图是否一致。 (4)自备发电设备或UPS情况。 (5)电容补偿装置情况
5	照明系统图	(1)进线回路编号、进线线制(三相五线、三相四线、单相两线制)、进线方式、导线电缆及穿管的规格型号。 (2)照明箱、盘、柜的规格型号、各回路开关熔断器及总开关熔断器的规格型号、回路编号及相序分配、各回路容量及导线穿管规格、计量方式及表计、电流互感器规格型号,同时核对该系统照明平面图回路标号与系统图是否一致。 (3)直控回路编号、容量及导线穿管规格、控制开关型号规格。 (4)箱、柜、盘有无漏电保护装置,其规格型号,保护级别及范围。 (5)应急照明装置的规格型号台数
6	弱电系统图	弱电系统图通常包括通信系统图、广播音响系统图、电缆电视系统图、火灾自动报警及消防系统图、保安防盗系统图等,阅读时,要注意并掌握以下内容: (1)设备的型号规格及数量,电源装置的型号规格,总配线架或接线箱的型号规格及接线对数,外线进户对数、进户方式及导线电缆保护管型号规格。 (2)各分路出线导线对数,各房间插孔数量、导线及保护管型号规格,同时对照平面布置图逐房间进行核对。 (3)各系统之间的联络关系和联络方式

三、建筑电气图形符号、文字符号及标注方法

1. 电气图形符号

电气图形符号是构成电气图的基本单元。电气工程图形符号的种类很多,一般都画在电气系统图、平面图、原理图和接线图上,用于标明电气设备、装置、元器件及电气线路在电气系统中的位置、功能和作用。

图形符号的详细内容将在后面的章节中介绍。

2. 电气文字符号

在电气设备、装置和元器件旁边,常用文字符号标注表示电气设备、装置和元器件的名称、功能、状态和特征。文字符号可以作为限定符号与一般图形符号组合,以派生出新的图形符号。

文字符号分为基本文字符号和辅助文字符号。

(1)基本文字符号。基本文字符号有单字母符号和双字母符号。

1)单字母符号。单字母符号用大写的拉丁字母将各种电气设备、装置和元器件划分为 23 大类,每大类用一个专用字母符号表示,如 R 表示电阻,C 表示电容器类等。

2)双字母符号。双字母符号是由一个表示种类的单字母符号与另一个表示功能的字母结合而成,其组合形式以单字母符号在前,而另一字母在后的次序标出。如 KF 表示继电器,QA 表示接触器。

(2)辅助文字符号。辅助文字符号用以表示电气设备、装置和元器件以及线路的功能、状态和特征,如 ON 表示开关闭合,RD 表示红色信号灯等。辅助文字符号一般放在基本文字符号单字母的后边,合成双字母符号。

建筑电气施工图中常见的文字符号如下:

(1)线路敷设方式、线缆敷设部位和灯具安装方式的文字符号标注宜按表 1-5～表 1-7 标注。

表 1-5　　　　　　　　　线路敷设方式的标注

序号	名称	标注文字符号
1	穿低压流体输送用焊接钢管(钢导管)敷设	SC
2	穿普通碳素钢电线套管敷设	MT

序号	名称	标注文字符号
3	穿可挠金属电线保护套管敷设	CP
4	穿硬塑料导管敷设	PC
5	穿阻燃半硬塑料导管敷设	FPC
6	穿塑料波纹电线管敷设	KPC
7	电缆托盘敷设	CT
8	电缆梯架敷设	CL
9	金属槽盒敷设	MR
10	塑料槽盒敷设	PR
11	钢索敷设	M
12	直埋敷设	DB
13	电缆沟敷设	TC
14	电缆排管敷设	CE

表 1-6　　　　　　　　线缆敷设部位的标注

序号	名称	标注文字符号
1	沿或跨梁(屋架)敷设	AB
2	沿或跨柱敷设	AC
3	沿吊顶或顶板面敷设	CE
4	吊顶内敷设	SCE
5	沿墙面敷设	WS
6	沿屋面敷设	RS
7	暗敷设在顶板内	CC
8	暗敷设在梁内	BC
9	暗敷设在柱内	CLC
10	暗敷在墙内	WC
11	暗敷在地板或地面下	FC

表 1-7　　　　　　　　　　灯具安装方式的标注

序号	名称	标注文字符号
1	线吊式	SW
2	链吊式	CS
3	管吊式	DS
4	壁装式	W
5	吸顶式	C
6	嵌入式	R
7	吊顶内安装	CR
8	墙壁内安装	WR
9	支架上安装	S
10	柱上安装	CL
11	座装	HM

（2）供配电系统设计文件的标注宜按表 1-8 采用。

表 1-8　　　　　　　　供配电系统设计文件的标注

序号	标注文字符号	名称	单位
1	U_n	系统标称电压，线电压（有效值）	V
2	U_r	设备的额定电压，线电压（有效值）	V
3	I_r	额定电流	A
4	f	频率	Hz
5	P_r	额定功率	kW
6	P_n	设备安装功率	kW
7	P_c	计算有功功率	kW
8	Q_c	计算无功功率	kvar

续表

序号	标注文字符号	名称	单位
9	S_c	计算视在功率	kVA
10	S_r	额定视在功率	kVA
11	I_c	计算电流	A
12	I_{st}	启动电流	A
13	I_p	尖峰电流	A
14	I_s	整定电流	A
15	I_k	稳态短路电流	kA
16	$\cos\varphi$	功率因数	—
17	u_{kr}	阻抗电压	%
18	i_p	短路电流峰值	kA
19	S_{kQ}''	短路容量	MVA
20	K_d	需要系数	—

3. 电气设备的标注方法

电气工程图中常用一些文字(包括汉语拼音字母、英文)和数字按照一定的格式书写,来表示电气设备及线路的规格型号、标号、容量、安装方式、标高及位置等。这些标注方法在实际工程中的用途很大,必须熟练掌握。

电气设备的标注方法,见表1-9。

表1-9　　　　　　　　　　电气设备的标注方法

序号	标注方式	说　　明
1	$\dfrac{a}{b}$	用电设备标注 a—参照代号 b—额定容量(kW 或 kVA)

序号	标注方式	说　　明
2	$-a+b/c^{①}$	系统图电气箱(柜、屏)标注 a—参照代号 b—位置信息 c—型号
3	$-a^{①}$	平面图电气箱(柜、屏)标注 a—参照代号
4	a b/c d	照明、安全、控制变压器标注 a—参照代号 b/c——次电压/二次电压 d—额定容量
5	$a-b\dfrac{c\times d\times L}{e}f$	照明灯具的一般标注方法 a—数量 b—型号 c—每盏灯具的光源数量 d—光源安装容量 e—安装高度(m) "—"表示吸顶安装 f—安装方式 L—光源种类
6	$\dfrac{a\times b}{c}$	电缆梯架、托盘和槽盒标注 a—宽度(mm) b—高度(mm) c—安装高度(m)
7	a/b/c	光缆标注 a—型号 b—光纤芯数 c—长度

序号	标注方式	说　　明
8	a b—c(d×e＋f×g)i—jh②	线缆的标注 a—参照代号 b—型号 c—电缆根数 d—相导体根数 e—相导体截面(mm²) f—PE、N 导体根数 g—PE、N 导体截面(mm²) i—敷设方式和管径(mm) j—敷设部位 h—安装高度(m)
9	a—b(c×2×d)e—f	电话线缆的标注 a—参照代号 b—型号 c—导线对数 d—导体直径(mm) e—敷设方式和管径(mm) f—敷设部位

①前缀"—"在不会引起混淆时可省略。

②当电源线缆 N 和 PE 分开标注时,应先标注 N 后标注 PE(线缆规格中的电压值在不会引起混淆时可省略)。

(1)用电设备的标注

用电设备的标注,一般为 $\dfrac{a}{b}$。

如 $\dfrac{20}{75}$ 表示为图中的第 20 台设备,其额定功率为 75kW;再如 $\dfrac{20}{75}+\dfrac{200}{0.8}$ 表示这台电动机的编号为第 20,额定功率为 75kW,自动开关脱扣器电流为 200A,安装标高为 0.8m。

(2)照明灯具的标注

1)照明灯具的一般标注方法为

$$a-b\frac{c\times d\times L}{e}f$$

如 9-YZ40RR$\frac{3\times60}{3.5}$Ch,表示这个房间或某一区域安装 9 盏型号为 YZ40RR 的荧光灯,直管型、日光色,每盏灯 3 根 60W 灯管,用链吊安装,安装高度 3.5m(指灯具底部与地面距离)。光源种类 L,因灯具型号已标出光源种类,设计时可不标出。

2)灯具吸顶安装的标注方法为

$$a-b\frac{c\times d\times L}{\_}$$

其中,符号与一般标注方法中的符号意义相同。吸顶安装时,安装方式和安装高度就不再标注了,如某房间或某一区域灯具标注为 6-JXD6$\frac{3\times40}{\_}$,表示该房间安装 6 只型号为 JXD6 的灯具,每只灯具有 3 只 40W 的白炽灯泡,吸顶安装。

光源种类 L 主要指白炽灯(IN)、荧光灯(FL)、荧光高压汞灯(Hg)、高压钠灯(Na)、碘钨灯(I)、红外线灯(IR)、紫外线灯(UV)等。

(3)线缆的标注

配电线路的标注一般为 a b−c(d×e+f×g)i−jh,如 15-BV(3×10+1×6)SC30-FC,表示这条线路在系统中的编号为 15,聚氯乙烯绝缘铜芯导线 10mm² 的 3 根和 6mm² 的 1 根穿直径为 30mm 的焊接钢管沿地板埋地敷设。

在工程中若采用三相四线制供电一般均采用上述的标注方式;如为三相三线制供电,则没有上式中的 f×g 项;如采用 TN-S 系统供电,若采用专用保护零线,则 f 为 2,若用钢管作为接零保护的公用线,则 f 为 1。在实际工程中,参照代号 a 有时不单独采用数字,有时在数字的前面或后面常标有字母(汉语拼音或英文),这个字母是设计者为了区分复杂的多个回路时设置的,在制图标准中没有定义,读图时应按设计者的实际标注去理解。

第二章 建筑变配电工程图识读

第一节 建筑供配电系统概述

变配电所属于电力系统的重要组成部分,因此在学习变配电所及其工程图前,首先应对电力系统的总体情况有一个基本的了解。

一、电力系统的组成

1. 电力系统

随着国民经济的迅速发展,电能在工业、农业、国防等领域的作用越来越重,供电的种类和等级要求多种多样,用户对供电质量的要求也越来越高。电能的生产、输送、分配和使用几乎是在同一瞬间完成的。电能是由发电厂生产的。发电厂多建在一次能源所在地,一般距离人口密集的城市和用电集中的工业企业很远,为了减小远距离传输过程中的能源损失,必须采用高压输电线路进行远距离输电。如图 2-1 所示为从发电厂到电能用户的送变电过程。

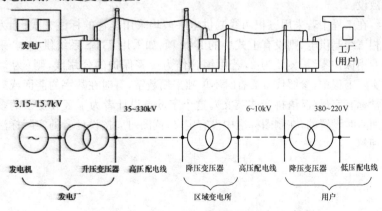

图 2-1 从发电厂到电能用户的送变点过程示意图

　　电能不是由发电厂直接提供给用户使用的,必须通过输电线路和变电站这一中间环节来实现,这种由发电厂——电力网——用户组成的统一整体称为电力系统,图 2-2 为电力系统示意图。图中的 T1 为升压变压器,发电厂电能经升压变压器变压后送至电网进行远距离传输;T2 为降压变压器,电网高电压经降压变压器变为低电压,供给用户端。

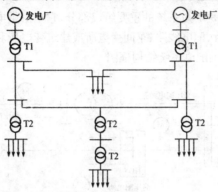

图 2-2　电力系统示意图

　　现将电力系统中从电能生产到电能使用的各个环节做如下说明:

　　(1)发电厂。发电厂是生产电能的场所。在发电厂可以把自然界中的一次能源转换为用户可以直接使用的二次能源——电能。根据发电厂所取用的一次能源的不同,主要有火力发电、水力发电、核能发电、太阳能发电、风力发电、潮汐发电、地热发电等形式。无论发电厂采用哪种发电形式,最终将其他能源转换为电能的设备是发电机。

　　(2)变电所。变电所是变换电压、交换电能和分配电能的场所,由变压器和配电装置组成。按变压的性质和作用又可分为升压变电所和降压变电所;按变电所的地位和作用不同,又分为枢纽变电所、地区变电所和用户变电所。

　　(3)电力网。电力网的主要作用是变换电压、传送电能,由升压和降压变电所和与之对应的电力线路组成,负责将发电厂生产的电能经过输电线路,送到用户(用电设备)。

　　(4)电力用户。电力用户主要是消耗电能的场所,将电能通过用电设备转换为满足用户需求的其他形式的能量,如电动机将电能转换为机械能;电热设备将电能转换为热能;照明设备将电能转换为光能等。根据消费电能的性质与特点,电力用户可分为工业电力用户和民用电力用户。

电力用户根据供电电压分为高压用户和低压用户,高压用户额定电压 1kV 以上,低压用户的额定电压一般是 220V/380V。

2. 供配电系统

供配电系统是电力系统的重要组成部分,它是由供电电源、总降压变电所、高压配电所、配电线路、车间变电所或建筑变电所和用电设备组成。如图 2-3 所示为供配电系统结构框图。

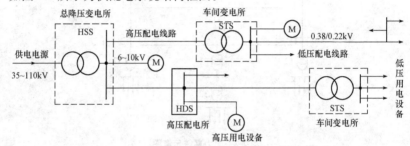

图 2-3　供配电系统结构框图

配电系统的电源可以取自电力系统的电力网或企业、用户的自备发电机。由图 2-3 可以看出,总降压变电所将 35～110kV 的外部供电电源电压降为 6～10kV 高压配电电压,高压配电所集中接受 6～10kV 电压,再分配到附近各车间变电所和高压用电设备。配电线路分为 6～10kV 高压配电线路和 0.38kV/0.22kV 低压配电线路,其中低压配电线路将车间变电所 0.38kV/0.22kV 的电压送给各低压用电设备。

二、电力负荷的分级与供电要求

1. 负荷

负荷是指发电机或变电所供给用户的电力。其衡量标准为电气设备(发电机、变压器和线路)中通过的功率或电流,而不是指它们的阻抗。

当线路中的电压一定时,线路输送的功率与电流成正比,线路中的负荷通常指导线通过的电流值。发电机、变压器等电气设备的负荷指它们的输出功率。电动机类的用电设备负荷指它们的输入功率。

2. 电力负荷的分级

我国将电力负荷按其对供电可靠性的要求及中断供电在政治、经济上造成的损失或影响的程度划分为三级。

(1)一级负荷。一级负荷为供电中断将造成人身伤亡者;供电中断将在政治、经济上造成重大损失者,如发生重大设备损坏、重大产品报废事故,采用重要原材料生产的产品大量报废,国民经济中重点企业的连续生产过程被打乱并需要长时间才能恢复等;供电中断将影响有重大政治、经济意义的用电单位者,如重要铁路枢纽、重要通信枢纽、重要宾馆、经常用于国际活动的有大量人员集中的公共场所等。

(2)二级负荷。二级负荷为中断供电将在政治、经济上造成较大损失者,如主要设备损坏、大量产品报废、连续生产过程被打乱而需较长时间才能恢复,重点企业大量减产等;中断供电系统将影响重要用电单位的正常工作负荷者;中断供电将造成大型影剧院、大型商场等较多人员集中重要公共场所秩序混乱的。

(3)三级负荷。三级负荷为不属于一级和二级的电力负荷。

3. 供电要求

(1)一级负荷的供电要求。一级负荷中应由两个独立电源供电,当一个电源发生故障时,另一个电源应不致同时受损坏。在一级负荷中的特别重要负荷,除上述两个独立电源外,还必须增设应急电源。为保证特别重要负荷的供电,严禁将其他负荷接入应急供电系统。应急电源一般有独立于正常电源的发电机组、干电池、蓄电池、供电网络中有效的独立于正常电源的专门馈电线路。

(2)二级负荷中应由两回线路供电。供电变压器应有两台,从而做到当电力变压器发生故障或电力线路发生常见故障时,不致中断供电或中断供电后能迅速恢复。

(3)三级负荷对供电无特殊要求。一般由单回路电力线路供电。

三、电力系统的电压

电力系统的电压是有等级的,电力系统的额定电压包括电力系统中各种发电、供电、用电设备的额定电压。我国规定的三项交流电网和电力设备的额定电压见表 2-1。

表 2-1　　　　　　　　　我国交流电网和电力设备的额定电压

分类	电网和用电设备 额定电压/kV	发电机 额定电压/kV	电力变压器额定电压/kV	
			一次绕组	二次绕组
低压	0.38	0.4	0.38/0.22	0.4/0.23
	0.66	0.69	0.66/0.38	0.69/0.4
高压	3	3.15	3,3.15	3.15,3.3
	6	6.3	6,6.3	6.3,6.6
	10	10.5	10,10.5	10.5,11
	—	13.8,15.75,18, 20,22,24,26	13.8,15.75,18, 20,22,24,26	
	35		35	38.5
	66		65	72.6
	110		110	121
	220		220	242
	330	—	330	363
	500		550	550

1. 电网(电力线路)的额定电压

电网的额定电压等级是根据国民经济发展的需要及电力工业的水平,经全面技术经济分析后确定的,也是确定各类电力设备额定电压的基本依据。

2. 用电设备的额定电压

由于用电设备运行时线路上要产生压降,沿线路的电压分布通常是首端高于末端,如图 2-4 所示。因此,沿线各用电设备的端电压将不同,线路的额定电压实际就是线路首端和末端电压的平均值。为使各用电设备的电压偏移差异不大,因此用电设备的额定电压与其接入电网的额定电压应相同。

3. 发电机的额定电压

由于用电设备的电压偏移为±5%,而线路的允许电压降为10%,这就要求线路首端电压应较电网额定电压高5%,末端电压则可较电网额定电压低 5%,如图 2-4 所示。因此,发电机的额定电压应高于线路额定电压 5%。

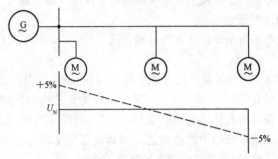

图 2-4 用电设备和发电机的额定电压

4. 变压器的额定电压

(1)变压器一次绕组的额定电压。变压器一次绕组的额定电压可分为两种情况:一是当电力变压器直接与发电机相连时,其一次绕组额定电压应与发电机额定电压相同,即高于同级电网额定电压的 5%;二是当变压器不与发电机相连,而是连接在线路上时,则可把它看作用电设备,其一次绕组额定电压应与电网额定电压相同。

(2)变压器二次绕组的额定电压。变压器二次绕组的额定电压也可分为两种情况:一是当变压器二次侧供电线路较长时,其二次绕组额定电压应比相连电网额定电压高 10%,其中有 5%用于补偿变压器满负荷运行时内部绕组约 5%的电压降;另外,变压器满负荷输出的二次电压还要高于所连电网额定电压的 5%,以补偿线路上的电压降。二是当变压器二次侧供电线路不太长时,则计算变压器二次绕组的额定电压值时,只需高于电网额定电压 5%,仅考虑补偿变压器内部 5%的电压降。

四、工作接地与保护接地

1. 工作接地

为保证电力系统和电气设备在正常和事故情况下可靠的运行,人为地将电力系统的中性点及电气设备的某一部分直接或经消弧线圈、电阻、击穿熔断器等与大地作金属连接,称为工作接地。

2. 保护接地

将在故障情况下可能呈现危险的对地电压的设备外露可导电部分进行接地称为保护接地。

低压配电系统的保护接地按接地形式,分为 TN 系统、TT 系统和 IT 系统三种。

(1)TN 系统。TN 系统的电源中性点直接接地,并引出有中性线(N 线)、保护线(PE 线)和保护中性线(PEN 线),属于三相四线系统。系统上各种电气设备的所有外露可导电部分(正常运行时不带电),必须通过保护线与低压配电系统的中性点相连。当其设备发生单相连接地故障时,就形成单相接地短路,其电流保护装置动作。

按中性点与保护线的组合情况,TN 系统分以下三种形式。

1)TN-C 系统。如图 2-5 所示,在 TN-C 系统中,由于 PEN 线兼起 PE 线和 N 线的作用,节省了一根导线,但在 PEN 线上通过三相不平衡电流,在其作用下产生的电压降使电气设备外露导电部分对地带电压,三相不平衡电流造成外壳电压很低,并不会在一般场所造成人身事故,但它可以对地引起火花,不适宜在医院、计算机中心场所及爆炸危险场所使用。

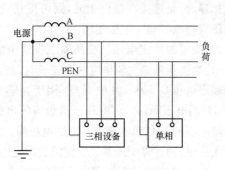

图 2-5　低压配电的 TN-C 系统

2)TN-S 系统。如果系统中的 N 线与 PE 线完全分开,则此系统称为 TN-S 系统,如图 2-6 所示。当设备相线漏电碰壳后,直接短路,可采用过电流保护器切断电源;当 N 线断开,如三相负荷不平衡,中性点电位升高,但外壳无电位,PE 线也无电位;TN-S 系统 PE 线首末端应做重复接地,以减少 PE 线断线造成的危险;TN-S 系统适用于工业、大型民用建筑。

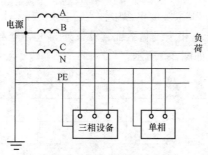

图 2-6 低压配电的 TN-S 系统

3)TN-C-S 系统。如果系统中的前一部分 N 线与 PE 线合用为 PEN 线,而后一部分 N 线与 PE 线全部支部分分开,则此系统称为 TN-C-S 系统,如图 2-7 所示。

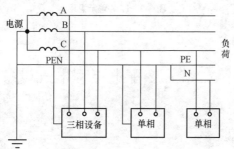

图 2-7 低压配电的 TN-C-S 系统

(2)TT 系统。TT 系统的电源中性点直接接地,并引出有 N 线,属于三相四线制系统。设备外露可导电部分均经与系统接地点无关的各自的接地装置单独接地,如图 2-8 所示。

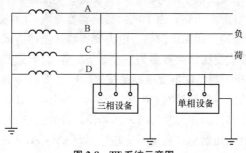

图 2-8 TT 系统示意图

(3)IT 系统。IT 系统的电源中性点不接地或经 1kΩ 阻抗接地,通常不引出 N 线,属于三相三线制系统。设备外露可导电部分均经各自的接地装置单独接地,如图 2-9 所示。

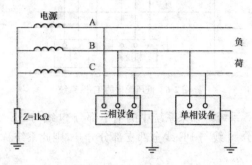

图 2-9　IT 系统示意图

第二节　变配电工程电气设备

一、高压电气设备

变电所中,承担传输和分配电能到各用电场所的配电线路称为一次电路或主电路。一次电路中所有电气设备称为一次设备。

1. 电力变压器

变压器是用来变换电压等级的电气设备。变配电系统中使用的变压器一般为三相电力变压器。由于电力变压器容量大,工作温度升高,因此要采用不同的结构方式加强散热。电力变压器按散热方式分为油浸式和干式两种,油浸式变压器型号多为 S 型或 SL 型,而干式变压器的型号有 SC 型。目前,我国新型配电变压器是按国际电工委员会 IEC 标准推荐的容量序列,其额定容量等级有(单位为 kV · A):10、20、30、40、50、63、80、100、125、160、200、250、315、400、500、630、800、1000、1250、1600、2000 等。一般来说,配电变压器单台容量不应超过 1250kV · A,而建筑物内部的干式变压器容量不应超过 2000kV · A。

电力变压气的型号编写如下:

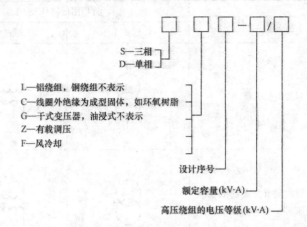

如 S7-500/10 表示三相铜绕组油浸自冷式变压器,设计序号为 7,容量为 500kV·A,高压绕组额定电压为 10kV。

在系统图中,除了要表示出变压器的额定容量外,还需要表示出额定电压(包括一次额定电压、二次额定电压)以及接线方式等,例如,在图 2-10 中,变压器标注型号 SCB9 为三相环氧树脂浇注干式电力变压器,9 型系列,变压器额定容量为 1250kV·A,高压侧电压 10kV,低压侧 0.4/0.23kV,连接组标号为 D,YN11,变压器阻抗电压为 6%,外加 IP20 等级防护罩,制冷方式为以风机强迫空气冷却。

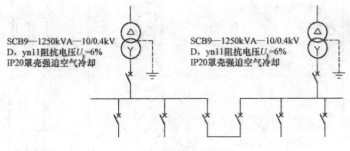

图 2-10　变压器图示标注

变压器及其他常用电源设备图形符号,见表 2-2。

表 2-2　　　　　　　　　　　　常用变压器图形符号

序号	名　称	常用图形符号	
		形式 1	形式 2
1	双绕组变压器		
2	绕组间有屏蔽的双绕组变压器		
3	一个绕组上有中间抽头的变压器		
4	星形—三角形连接的三相变压器		
5	具有 4 个抽头的星形—星形连接的三相变压器		

续表

序号	名　称	常用图形符号	
		形式1	形式2
6	单相变压器组成的三相变压器,星形—三角形连接		
7	具有分接开关的三相变压器,星形—三角形连接		
8	三相变压器,星形—星形—三角形连接		
9	自耦变压器,一般符号		
10	单相自耦变压器		

序号	名　　称	常用图形符号	
		形式 1	形式 2
11	三相自耦变压器,星形连接		
12	可调压的单相自耦变压器		

2. 高压断路器

　　高压断路器是配电装置中最重要的控制和保护电气设备。正常时用以接通和切断负荷电流。当发生短路故障或严重过负荷时,借助断电保护装置的作用,自动、迅速地切断故障电流。断路器应在尽可能短的时间内熄灭电弧,因而具有可靠的灭弧装置。断路器工作性能优劣,直接影响供配电系统的运行情况。

　　高压短路器的型号编写如下:

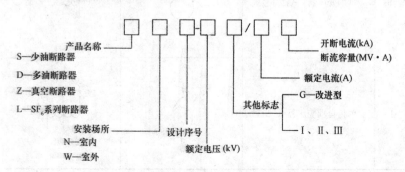

断路器按灭弧方式不同,可分为以下几种:

(1)油断路器。油断路器分为多油断路器和少油断路器两类。多油断路器油量多,油的作用有灭弧、绝缘作用。多油断路器是早期设计产品,由于体积大,用油量多而难以维护,目前基本不再使用。少油断路器用油量少,并且具有体积小、机构简单、防爆防火、使用安全等特点,其中油只做灭弧介质,不做绝缘介质。在10kV供电系统中使用较多的是少油断路器。

(2)真空断路器。真空断路器是指触头在高度真空灭弧室中切断电路的断路器。真空断路器采用的绝缘介质和灭弧介质是高度真空空气。真空断路器有触点开距小,动作快;燃弧时间短,灭弧快;体积小,重量轻,防火防爆;操作噪声小,适用于频繁操作等优点。

(3)六氟化硫断路器。六氟化硫(SF_6)断路器是利用 SF_6 气体作灭弧和绝缘介质的断路器。SF_6 断路器采用具有优良灭弧能力和绝缘能力,SF_6 气体作为灭弧介质,具有开断能力强、动作快、体积小等优点,但金属消耗多,价格较贵。近几年来,断路器的发展速度很快,电压等级也在不断地提高。

(4)空气断路器。空气断路器是以压缩空气作为灭弧介质,此种介质防火、防爆、无毒、无腐蚀性,取用方便。空气断路器属于他能式断路器,靠压缩空气吹动电弧使之冷却,在电弧达到零值时,迅速将弧道中的离子吹走或使之复合而实现灭弧。空气断路器开断能力强,开断时间短,但结构复杂,工艺要求高,有色金属消耗多,因此,空气断路器一般应用在110kV 及以上的电力系统中。

3. 高压隔离开关

高压隔离开关的主要功能是隔离高压电源,以保证其他设备和线路的安全检修以及人身安全。隔离开关断开后具有明显的可见断开间隙,保证绝缘可靠。高压隔离开关主要由固定在绝缘子上的静触座和可分合的闸刀两部分组成。隔离开关没有专门的灭弧装置,不许带负荷操作,可以用来通断一定的小电流,如励磁电流不超过 2A 的空载变压器、电容电流不超过 5A 的空载线路以及电压互感器和避雷器电路等。高压隔离开关有户内式和户外式两种,按有无接地可分为不接地、单接地和双接地三种。

高压隔离开关的型号编写如下：

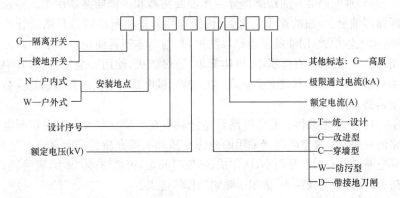

如型号 GN25-10/2000-40：G——隔离开关；N——户内型；25——设计序号；10——额定电压(kV)；2000——额定电流（A）；40——2s 热稳定电流有效值(kA)。

10kV 高压隔离开关型号较多，常用的有 GN8,GN9,GN24,GN28,GN30 等系列。

4. 高压负荷开关

高压负荷开关是介于隔离开关与高压断路器之间的开关电器。在结构上，它与高压隔离开关类似，开关断开后具有明显的断开间隙，同样具有隔离电源、保证安全检修的功能。由于高压负荷开关具有简单的灭弧装置，因此，能够通断一定负荷电流和过负荷电流，但不能断开短路电流，必须与高压熔断器串联使用，以借助熔断器来切断短路故障。

高压负荷开关的型号编写如下：

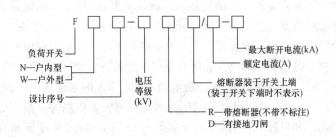

如型号 FN3-10R/400:F——负荷开关;N——户内型;3——设计序号;10——额定电压(kV);R——带熔断器;400——额定电流(A)。

5. 高压熔断器

高压熔断器主要是利用熔体电流超过一定值时,熔体本身产生的热量自动地将熔体熔断从而切断电路的一种保护设备,与高压负荷开关配合使用时,既能通断正常负载电流,又能起到对电力系统和电力变压器的过载和短路保护作用。高压熔断器分为户内型和户外型两大类。

高压熔断器的型号编写如下:

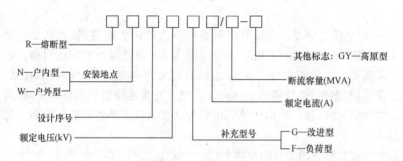

如型号 RN3—10/400:R——熔断器;N——户内型;3——设计序号;10——定额电压(kV);400——额定电流(A)。

6. 互感器

互感器是一种特殊的变压器,被广泛应用于供电系统中,向测量仪表和继电器的电压线圈或电流线圈供电。

依据用途的不同,互感器分为两大类:一类是电流互感器,它是将一次侧的大电流,按比例变为适合通过仪表或继电器使用的、额定电流为5A的低压小电流的设备;另一类是电压互感器,它是将一次侧的高电压降到线电压为100V的低电压,供给仪表或继电器用电的专用设备。

(1)电压互感器。电压互感器是将一次侧的高电压降到线电压为100V的低电压,供给仪表或继电器用电的专用设备。电压互感器按绝缘及冷却方式来分,有干式和油浸式;按相数来分,有单相和三相等。在环氧树脂浇注绝缘的干式电压互感器中,应用最广泛的是单相干式电压互感器。

电压互感器的型号编写如下：

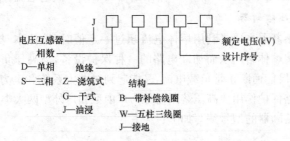

(2)电流互感器。电流互感器是指一次侧的大电流,按比例变为适合通过仪表或继电器使用的、额定电流为 5A 的低压小电流的设备。电流互感器均为单相式,按一次绕组匝数可分为单匝式(母线式、芯柱式、套管式)和多匝式(线圈式、线环式、串级式);按绝缘类型可分为干式、浇注式和油浸式;按一次电压等级可分为高压电流互感器和低压电流互感器等。

电流互感器的型号编写如下：

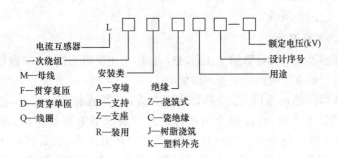

7. 高压避雷器

高压避雷器是电力保护系统中保护电气设备免受雷电或由操作引起的内部过电压损害的设备,一般装在高压架空线路末端。当线路上出现雷电过电压时,避雷器的火花间隙被击穿或高阻变为低阻,对地放电,从而保护了输电线路和电气设备。

高压避雷器的型号编写如下：

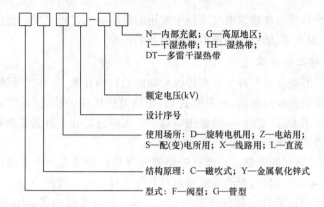

N—内部充氮；G—高原地区；
T—干湿热带；TH—湿热带；
DT—多雷干湿热带

额定电压(kV)

设计序号

使用场所：D—旋转电机用；Z—电站用；
S—配(变)电所用；X—线路用；L—直流

结构原理：C—磁吹式；Y—金属氧化锌式

型式：F—阀型；G—管型

8. 高压开关柜

高压开关柜是按一定的接线方案要求将开关电器、母线、测量仪表、保护继电器及辅助装置等，组装在封闭的金属柜中的成套式配电装置。它具有结构紧凑，便于操作，有利于控制和保护变压器、高压线路及高压用电设备的特点。高压开关柜体积较大，可分为固定式和手车式。由于高压电器几何尺寸过大而且绝缘间距大，因此一面高压柜内只安装一两台设备。高压开关柜按柜内安装的电器，分为断路器柜、互感器柜、仪表计量柜、电容器柜等。

高压开关柜的型号编写如下：

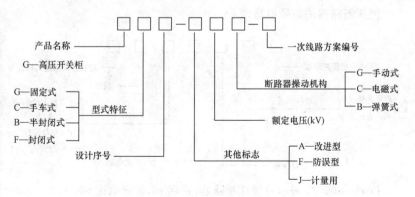

产品名称
G—高压开关柜

G—固定式
C—手车式　型式特征
B—半封闭式
F—封闭式

设计序号

一次线路方案编号

断路器操动机构
　　G—手动式
　　C—电磁式
　　B—弹簧式

额定电压(kV)

其他标志
　　A—改进型
　　F—防误型
　　J—计量用

二、低压电气设备

低压电气设备指电压在 500V 以下的各种控制设备、各种继电器及各种保护设备等。在建筑电气工程中常用的低压电气设备主要有低压断路器、低压刀开关、低压熔断器以及低压开关柜等。

1. 低压断路器

低压断路器是一种具有多种保护功能的自动开关,具有灭弧装置,可以安全带负荷通断电路,并具有过载、短路及失压保护功能(即实现自动跳闸),使用非常广泛的一种低压电器。低压断路器分为万能式断路器和塑料外壳式断路器两大类。

(1)万能式断路器。万能式断路器所有部件都装在一个绝缘的金属框架内,常为开启式,万能式断路器可分为选择式和非选择式两类。选择式断路器的短延时一般在 0.1～0.6s 之间。过电流脱扣器有电磁式、热双金属式和电子式等几种。传动方式有手动、电动和弹簧储能操作。接线方式有固定式和插入式,利用插入式连接可做成抽屉式断路器。目前,我国万能式断路器主要生产有 DW15、DW16、DW17(ME)、DW(45)等系列,塑壳断路器主要生产有 DZ20、CM1、TM30 等系列。

(2)塑料外壳式断路器。该断路器除接线端子外,触点、灭弧室、脱扣器和操动机构都装于一个塑料外壳中,适用于配电支路负载端开关或电动机保护用开关,大多数为手动操动,额定电流较大的(200A 以上)也可附带电动机构操动,多用于照明电路和民用建筑内电气设备的配电和保护。

低压断路器的型号编写如下:

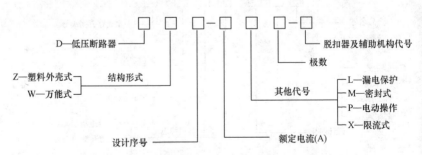

DW10-600/35 表示万能式断路器,系列 10,额定电流 600A。

DZ20-600/334 表示塑料外壳式断路器,系列 20,额定电流 600A,3 极。

脱扣器代号：0——无脱扣器；1——热脱扣器；2——电磁脱扣器；33——复式脱扣器；4——分励辅助触点；5——分励失压；6——两组辅助触头；7——失压辅助触头；90——电磁有液压延时自动脱扣器。

2. 低压刀开关

低压刀开关又称为低压隔离开关。由于刀开关没有任何防护，一般只能安装在低压配电柜中使用。主要用于隔离电源和分断交直流电路。刀开关按闸刀的投放位置分为单投刀开关和双投刀开关。按其极数分，有单级、双级和三级。按其灭弧结构分，有不带灭弧罩和带灭弧罩之分。

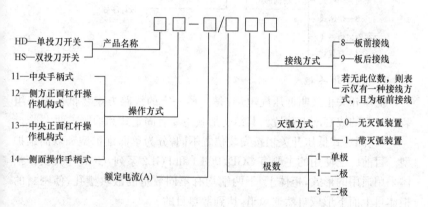

3. 低压负荷开关

低压负荷开关是由带灭弧装置的刀开关与熔断器串联组合而成，外装封闭式铁壳或开启式胶盖的开关电器。具有带灭弧罩刀开关和熔断器的双重功能，既可带负荷操作，又能进行短路保护。可用作设备和线路的电源开关。目前已使用较少，较多情况下已用断路器取代。

低压负荷的型号编写如下：

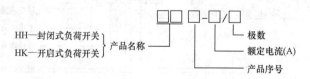

4. 低压熔断器

熔断器是一种保护电器，由熔断管、熔体和插座三部分组成。低压熔断器的功能主要是实现低压配电系统的短路保护,有的熔断器也能实现过负荷保护。低压熔断器主要有插入式、螺旋式和密闭管式等几种型号。

低压熔断器的型号编写如下:

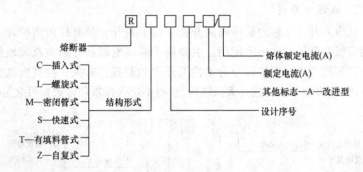

5. 低压开关柜

低压开关柜又叫低压配电屏,是按照一定的线路方案将低压设备组装在一起的成套配电装置。其结构形式主要有固定式和抽屉式两大类。

(1)固定式低压开关柜按安装位置不同,分为单面维护型和双面维护型。目前广泛使用的主要有 GGD、PGL1 和 PGL2 系列,GGD 型开关柜柜体采用通用的形式,柜体上、下两端均有不同数量的散热槽孔,使密封的柜体自上而下形成自然通风道,达到散热目的。

(2)抽屉式低压开关柜适用于额定电压 380V,交流 50Hz 的低压配电系统中做受电、馈电、照明、电动机控制及功率因数补偿来使用。目前有 GCK1、GCL1、GCJ1、GCS 等系列。抽屉式低压开关柜馈电回路多,体积小,占地少,但结构复杂,加工精度要求高、价格高。

低压开关柜的型号编写如下:

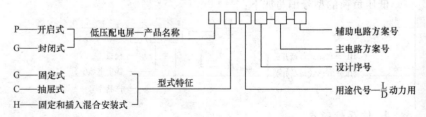

常用开关电器的图形符号,见表 2-3。

表 2-3   常见开关电器的图形符号

序号	名　称	常用图形符号	
		形式 1	形式 2
1	动合(常开)触点		
2	动断(常闭)触点		
3	先断后合的转换触点		
4	中间断开的转换触点		
5	先合后断的双向转换触点		
6	延时闭合的动合触点		
7	延时断开的动合触点		

序号	名　称	常用图形符号	
		形式 1	形式 2
8	延时断开的动断触点		
9	延时闭合的动断触点		
10	隔离器		
11	隔离开关		
12	带自动释放功能的隔离开关		
13	断路器		
14	带隔离功能断路器		

序号	名　称	常用图形符号	
		形式1	形式2
15	剩余电流动作断路器		
16	带隔离功能的剩余电流动作断路器		
17	熔断器,一般符号		
18	熔断器式隔离器		
19	熔断器式隔离开关		

三、变配电系统二次设备

二次电路是指用来测量、控制、信号显示和保护一次设备运转的电路。二次电路中的所有电气设备称为二次设备。

二次设备的种类很多,主要包括继电路、控制开关、仪表及信号设备。近年来在大用户中分散式微机式微机保护装置被广泛应用。

1. 保护继电器

继电器是一种根据输入的一种特定的信号达到某一预定值时而自动动作,接通或断开所控制的回路的自动控制电器。这种特定的信号可以是电流、电压、温度、压力和时间等。

继电器的结构主要有三部分组成:一是测量元件,反映继电器所控制的物理量(即电流、电压、温度、压力和时间等)变化情况;二是比较元件,将测量元件所反映的物理量与人工设定的预定量(或整定值)进行比较,以决定继电器是否动作;三是执行元件,根据比较元件传送过来的指令完成该继电器所担负的任务,即闭合或断开。保护继电器的种类很多,按其结构的不同,可分为电磁式继电器和感应式继电器两类。

保护继电器的型号编写如下:

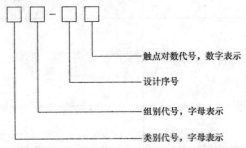

触点对数代号,数字表示

设计序号

组别代号,字母表示

类别代号,字母表示

(1)电磁式电流继电器。在保护装置中常用的电磁式电流继电器是DL 系列,与电流互感器二次线圈串联使用,电磁式电流继电器的文字符号为 KA。如图 2-11 所示为 DL-10 型电磁式电流继电器的内部接线和图形符号。

(2)电磁式电压继电器。在保护装置中,常用的电磁式电压继电器是DJ 系列,其结构和工作原理与 DL 系列电磁式电流继电器基本相同,不同之处仅是电压继电器的线圈为电压线圈,匝数较多,导线细,与电压互感器的二次绕组并联,电磁式电压继电器的文字符号为 KV。

(3)电磁式时间继电器。在线圈获得信号后,要延迟一段时间后才能动作,这样的继电器称为电磁式时间继电器,其特点是通过一定的延长时间来实现各个电器元件之间的时限配合。时间继电器的文字符号为 KT。在保护装置中常用的电磁式时间继电器是 DS 系列,图 2-12 为 DS-110 型电磁式时间继电器的其内部接线和图形符号。

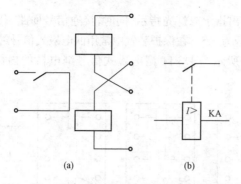

图 2-11　DL-10 型电磁式电流继电器的内部接线和图形符号

(a)内部接线；(b)图形符号

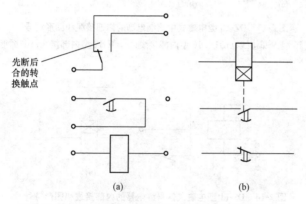

图 2-12　DS-110 型电磁式时间继电器的内部接线和图形符号

(a)内部接线；(b)图形符号

　　(4)电磁式中间继电器。在被控设备之间作为中间传递作用的继电器称为中间继电器，其作用是增加数量，扩大容量。电磁式中间继电器的触头容量较大，触头数量较多，在继电保护装置中用于弥补主继电器触头容量或触头数量的不足。电磁式中间继电器的文字符号为 KM。在保护装置中常用的电磁式中间继电器是 DZ 系列。如图 2-13 所示为 DZ-10 型电磁式中间继电器的内部接线和图形符号。

　　(5)电磁式信号继电器。电磁式信号继电器是专用于发出某种装置动作信号的继电器，当某一装置动作后，接通信号继电器线圈，信号继电器开始动作,发出指示或灯光指示,同时,接通信号回路。电磁式信号继电器的文字符号为 KS。在保护装置中常用的电磁式信号继电器为 DS 系列。如图 2-14 所示为 DS-11 型电磁式信号继电器的内部接线和图形符号。

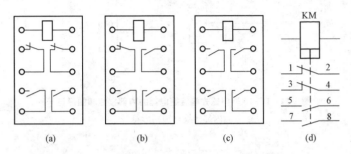

图 2-13　DZ-10 型电磁式中间继电器的内部接线和图形符号

(a)DZ-15 型内部接线;(b)DZ-16 型内部接线;(c)DZ-17 型内部接线;(d)图形符号

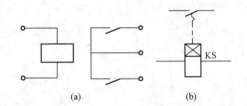

图 2-14　DS-11 型电磁式信号继电器的内部接线和图形符号

(a)内部接线;(b)图形符号

(6)感应式电流继电器。感应式电流继电器是一种综合型多功能继电器,同时具有电磁式电流继电器、时间继电器、信号继电器和中间继电器的功能。另外,还具有过电流和速断两种保护功能,且使用交流操作电流,因而使继电保护装置大为简化,结构紧凑,节省投资。但是,感应式电流结构复杂,精度不高,动作可靠性不如电磁式继电器,动作特性的调节比较麻烦且误差大。在保护装置中常用的感应式电流继电器是 GL-10、GL-20 系列。如图 2-15 所示为 GL-10、GL-20 型感应式电流继电器的内部接线和图形符号。

继电器常用图形符号见表 2-4。

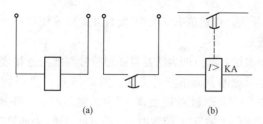

(a)   (b)

图 2-15 GL-10、GL-20 型感应式电流继电器的内部接线和图形符号

(a)内部接线；(b)图形符号

表 2-4   继电器常用图形符号

序号	名　称	常用图形符号	
		形式1	形式2
1	热继电器,动断触点		
2	继电器线圈,一般符号;驱动器件,一般符号		
3	缓慢释放继电器线圈		
4	缓慢吸合继电器线圈		
5	热继电器的驱动器件		

2. 控制开关

控制开关是断路器控制回路的主要控制元件,由运行人员操作使用断路器合、跳闸。控制开关由多对触点通过旋转接触接通每对触头,多用在二次回路中断路器的操作、不同控制回路的切换、电压表的换相测量以及小型三相电机启动切换变速开关。在变配电系统中,常用的主令电器有复合开关和控制按钮等。

(1)复合开关。在建筑电气图中,复合开关可采用触点图表法或触点图形符号法表示。

1)触点图表法。触点图表法是将图形符号与触点连接表结合起来表示转换开关触点通断状态的一种方法。图 2-16 所示为一转换开关的通断状态。表中"＊"表示触点接通,"—"表示触点断开。手柄置"0"位置时,触点全部断开,手柄置"Ⅰ"位置时,(1-3)、(5-7)通,手柄置"Ⅱ"位置时,(2-4)、(6-8)通。

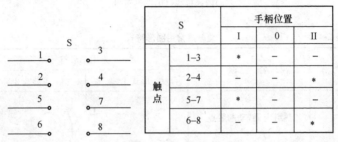

S		手柄位置		
		Ⅰ	0	Ⅱ
触点	1–3	＊	—	—
	2–4	—	—	＊
	5–7	＊	—	—
	6–8	—	—	＊

图 2-16　触点图表法

2)触点图形符号法。触点图形符号法是在一般符号上加特殊标记,如图 2-17 所示,这个开关有三个位置,"0"表示操作手柄的中间位置,两边字母(或数字)表示操作位置,也可写出手柄转动的角度或文字,如"手动"、"自动"、"左"、"右"等。虚线表示手柄操作时触点通断的位置线,虚线上的特殊标记"·",表示手柄转到此位置时,对应的触点接通,无黑点的触点表示不接通。图中开关触点的通断情况,与前述相同。

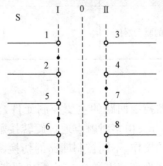

图 2-17　触点图形符号法

（2）按钮。控制按钮是一种手动的，可以自动复位的主令电器，用在短时间接通和断开5A以下的小电流电路，作为指令去控制继电器、接触器等元件。

按钮的型号编写如下：

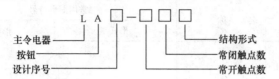

型号中的结构形式有：K——开启式；H——保护式；S——防水式；F——防腐式；J——紧急式；X——旋钮式；Y——带钥匙式；D——带指示灯式。

如LA20-22D，表示带指示灯式按钮，有2对常开触点，2对常闭触点。

按钮的图形符号，见表2-5。

表 2-5　　　　　　　　　　按钮的图形符号

序号	名　　称	常用图形符号
1	按钮	◎
2	带有指示灯的按钮	⊗
3	防止无意操作的按钮（例如借助于打碎玻璃罩进行保护）	◎

3. 电气计量仪表

在变配电线路中需要通过安装各种电气测量仪表用来监测电路的运行情况和计量用电量。电气测量表的种类很多，有电流表、电压表、功率表、频率表、有功电度表、有功功率表以及相位表等。

根据结构和作用原理的不同，电气测量仪表可分为磁电系、电磁系、电动系、静电系、感应系等。它们一般装在配电柜的面板上,因此这类仪表也叫做开关面板表。

常用电气测量仪表的图形符号,见表2-6。

表2-6　　　　　　　　　　常用电气测量仪表的图形符号

序号	名　称	常用图形符号	
		形式1	形式2
1	电压表	Ⓥ	
2	电度表(瓦时计)	Wh	
3	复费率电度表(示出二费率)	Wh	

4. 信号设备

变配电系统中所用的信号设备分为正常运行显示信号设备、事故信号设备以及指挥信号设备等。

(1)正常运行显示信号设备。正常运行显示信号设备一般为不同颜色的信号灯、光字牌,常用于电源指示(有、无及相别)、开关通断位置指示、设备运行与停止显示等。

(2)事故信号设备。事故信号设备包括事故预告信号设备和事故已发生信号设备(简称事故信号设备)。

1)事故预告信号设备。事故预告信号是指当电气设备或系统出现了某些事故预兆或某些不正常情况(如绝缘不良、中性点不接地、三相系统中一相接地、轻度过负荷、设备温升偏高等),但尚未达到设备或系统即刻就不能运行的严重程度时所发出的信号。

2)事故已发信号设备是指当电气设备或系统故障已经发生、自动开关已跳闸时所发出的信号。事故预告信号和事故信号一般由灯光信号和音响信号两部分组成。音响信号可唤起值班人员和操作人员注意；灯光信号可提示事故类别、性质，事故发生地点等。

为了区分事故信号和事故预告信号，可采用不同的音响信号设备，如事故信号采用蜂鸣器、电笛、电喇叭等，事故预告信号采用电铃。

(3)指挥信号设备。指挥信号设备主要用于不同地点(如控制室和操作间)之间的信号联络与信号指挥，多采用光字牌、音响等。

常用信号设备的图形符号，见表2-7。

表 2-7　　　　　　　　　　常用信号设备的图形符号

序号	名　　称	符　　号
1	信号灯	$\otimes$
2	音响信号装置	
3	蜂鸣器	

第三节　变配电系统主接线图识读

一、高压供电系统主接线图

变电所的主接线，也称一次接线或一次线路，是指由各种开关电器、电力变压器、断路器、隔离开关、避雷器、互感器、母线、电力电缆、移相电容器等电气设备按一定次序相连接的具有接收和分配电能的电路。

主接线的确定与变电所电气设备的选择、变配电装置的合理布置、可靠运行、控制方式和经济性能等有着密切的关系，是供配电设计的重要环节。

电气主接线图通常以单线图的形式表示。

1. 线路—变压器组接线

线路—变压器组接线，如图2-18所示。根据变压器高压侧情况的不同，可以选择四种开关电器。当电源侧继电保护装置能保护变压器且灵敏度满足要求时,变压器高压侧可只装设隔离开关①;当变压器高压侧短路容易不超过高压熔断器断流容量,而又允许采用高压熔断保护变压器时,变压器高压侧可装设跌落式熔断②或负荷开关—熔断器③,一般情况下,在变压器高压侧桩设隔离开关和断路器④。

当高压侧装设负荷开关时,变压器容量不大于1250kV·A;高压侧装设隔离开关或跌落式熔断器时,变压器容量一般不大于630kV·A。

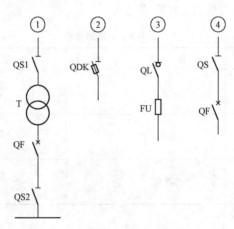

图 2-18　线路—变压器组接线图

这种接线的优点是接线简单,所用电气设备少,配电装置简单,投资少。缺点是该单元中任一设备发生故障或检修时,变电所全部停电,可靠度不高。它适用于小容量三级负荷、小型企业或非生产用户。

2. 单母线接线

在变配电系统图中,母线是电路中的一个节点,但在实际的电气系统中却是一组庞大的汇流排,它是电能汇集和分散的场所。单母线制又分为单母线不分段接线、单母线分段接线、单母线带旁路母线接线,以及其他单母线派生的接线等形式。

(1)单母线不分段接线。单母线不分段接线,如图 2-19 所示。每条引入线和引出线的电路中都装有断路器和隔离开关,电源的引入与引出是通过一根母线连接的。该接线电路简单清晰,使用设备少,经济性比较好,但可靠性和灵活性差,当电源线路、母线或母线隔离开关发生故障或进行检修时,全部用户供电中断。它适用于对供电要求不高的三级负荷用户,或者有备用电源的二级负荷用户。

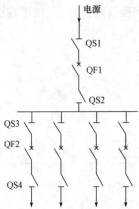

图 2-19 单母线不分段接线图

(2)单母线分段接线。单母线分段接线,如图 2-20 所示。可采用隔离开关或断路器分段,隔离开关分断操作不方便,目前已不采用。单母线分段接线可以分段单独运行,也可以并列同时运行。将母线分段后,其可靠性大为改善,当母线发生故障或线路检修时,可以保证系统具有 50% 的供电能力。

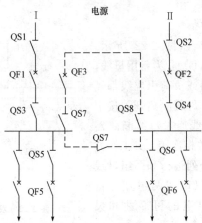

图 2-20 单母线分段接线图

(3)单母线带旁路母线接线。单母线带旁路母线接线,如图 2-21 所示。当引出线断路器检修时,用旁路母线断路器(QFL)代替引出线断路器,给用户继续供电。该接线造价较高,仅用在引出线数量很多的变电所中。

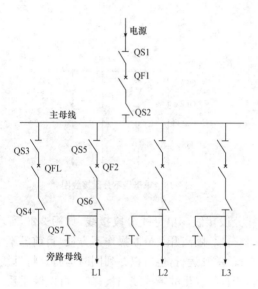

图 2-21　单母线带旁路母线接线图

3. 双母线接线

双母线接线,如图 2-22 所示。DM Ⅰ 为工作母线,DM Ⅱ 为备用母线,任一电源进线回路或负荷引出线都经一个断路器和两个母线隔离开关接于双母线上,两个母线通过母线断路器 QFL 及其隔离开关相连接。其工作方式可有两组母线分列运行和两组母线并列运行。由于双母线两组互为备用,大大提高了供电的可靠性和灵活性。

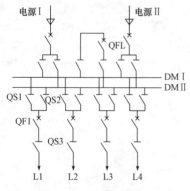

图 2-22　双母线接线图

4. 桥式接线

桥式接线是指在两路电源进线之间跨接一个"桥式"断路器。桥式接线比分段单母线结构简单,减少了断路器的数量,四回电路只采用三台断路器。根据跨接桥位置不同,分为内桥式接线和外桥式接线。

(1)内桥式接线。内桥式接线,如图 2-23(a)所示。跨接桥靠近变压器侧,桥开关(QF3)装在线路开关(QF1、QF2)之内,变压器回路仅装隔离开关,不装断路器。内桥式接线的主要特点是对电源进线回路操作方便,灵活供电可靠性高,多用于因电源线路较长而发生故障和停电检修的机会较多且变电所的变压器不需经常切换的总降压变电所。

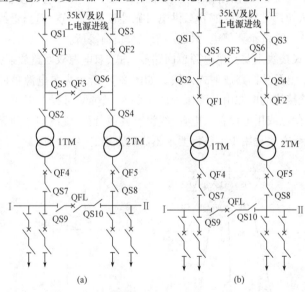

图 2-23　桥式接线图

(a)内桥式接线;(b)外桥式接线

(2)外桥式接线。外桥式接线,如图 2-23(b)所示。跨接桥靠近线路侧,桥开关(QF3)装在变压器开关(QF1、QF2)之外,进线回路仅装隔离开关,不装断路器。外桥式接线的主要特点是对变压器回路操作非常方便,灵活,供电可靠性高,适用于电源线路较短(故障率较低),而变电所负荷变动较大、根据经济运行要求需经常投切变压器的总降压变电所。

二、变配电系统接线方式

对于配电系统,无论是高压系统还是低压系统,基本的接线方式有三种,即放射式、树干式和环网式。其他的配电方式均由这三种基本方式演变而成。

1. 放射式

放射式接线系统由电源母线引出独立的接线回路由负载供电,引出的回路数与负荷点数相等。放射式接线系统中电气设备和电力系统相互独立,在某一支路发生故障时,不会影响其他支路上的电气设备,具有故障范围小、切换方便、保护简单、供电可靠性较高等特点,但当干线上发生故障时,整个系统都要停电,只适用于三级负荷场所。

放射式接线主要有单电源单回路放射式、双电源双回路放射式接线。

(1)单电源单回路放射式接线。如图 2-24 所示为单电源单回路放射式接线,该接线的电源由总降压变电所的 6～10kV 母线上引出一回线路直接向负荷点或用电设备供电,沿线没有其他负荷,受电端之间无点的联系。此接线方式适用于可靠性要求不高的二级、三级负荷。

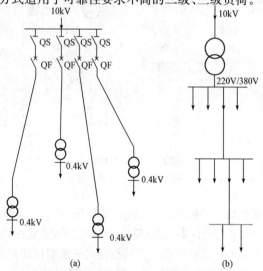

(a)　　　　　　　　　　　　(b)

图 2-24　单电源单回路放射式接线方式

(a)高压放射式;(b)低压放射式

(2)双电源双回路放射式接线。如图 2-25 所示为双电源双回路的放射式接线,两条放射式线路连接在不同电源的母线上,其实质是两个单电源单回路放射的交叉组合。此接线方式适用于可靠性要求较高的一级负荷。

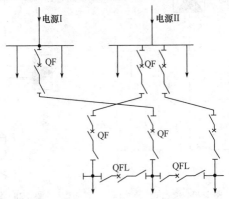

图 2-25　双电源双回路的放射式接线方式

2. 树干式

树干式接线系统是由高压电源母线上引出的每路出线,沿线要分别连到若干个负荷点或用电设备系统。树干式接线方式所需的电缆数较少,其干线发生故障时,影响范围大,供电可靠性较差。这种接线多用于用电设备容量小而分布较均匀的用电设备。

树干式接线方式如图 2-26 所示。

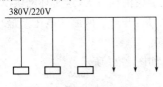

图 2-26　树干式接线方式

放射式与树干式混合的配电系统常被采用,如图 2-27 混合式和图 2-28链式。图 2-27 表示由车间变电所变压器二次侧经空气开关 2 将干线 1 引入车间,3 为分支低压断路器,4 为支干线,然后 4 支路引至用电设备。

链式配电系统常常用于车间内相应距离近、容量又很小的用电设备,链式线路只设一组总的断路器,其可靠性小,大部分用户不希望采用这种方式。目前的习惯做法是限制在 5 台用电设备以下采用,如图 2-28 所示。

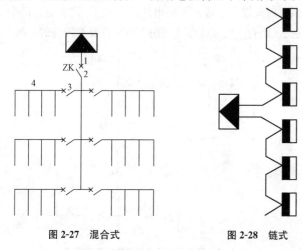

图 2-27　混合式　　　　　　　　图 2-28　链式

3. 环网式

环网式接线系统是由电源引出两条回路,共同向一个负荷供电,正常情况下有一个电源供电,当其中一个电源出现故障时,立即切换到另一个电源供电。环网式接线方式供电可靠性高、运行灵活,但其造价较高,适用于要求有两个电源供电的重要负荷场所。环网内线路的导线通过的负荷电流应考虑故障情况下环内通过的负荷电流,导线截面要求相同,因此,环网式线路的有色金属消耗量大,这是环网供电线路的缺点。

开环点的选择原则是:开环点两侧的电压差最小,一般使两路干线负荷容量尽可能地相连接。

环网式接线方式,如图 2-29 所示。

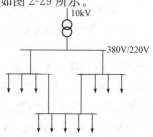

图 2-29　环网式接线方式

三、变配电系统图识读

1. 6～10kV 变配电电气系统图

在用电量很大的工矿企业、小区以及大型建筑物中,都设有 6～10kV 变配电所,根据负荷的大小和重要程度,采用不同的配电方式,如图 2-30 所示为单母线分段放射式供电系统。

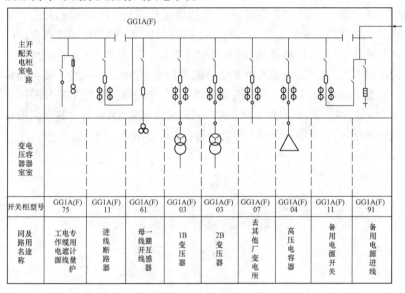

主开配关电电柜室路电								
变电压容器室室								
GG1A(F)75	GG1A(F)11	GG1A(F)61	GG1A(F)03	GG1A(F)03	GG1A(F)07	GG1A(F)04	GG1A(F)11	GG1A(F)91
同及路用名途称								
工电专作缆用电遮计源线量护	进线断路器	母一线圈开线互感器	1B变压器	2B变压器	去其他厂变电所	高压电容器	备用电源开关	备用电源进线

图 2-30　单母线分段放射式供电系统

因为电源引自地方变电所时,需要装有专用计量柜和进线开关,图中 1#柜为专用计量柜,通过高压配电柜中的电流互感器和电压互感器进行电能损耗计量,供电业部门计费,进行经济核算。2#高压配电柜为进线保护柜,当变配电系统母线出现短路和过载时,进线保护柜中的断路器自动跳闸。另一个电源为备用电源,架空引入由本企业总变电所供给,电能计量一般以电源出线开关的电度记录为准,或者通过协议解决计费问题,所以,只设了进线保护柜,同样是对母线的短路和过载进行保护。所以从图中可以看出,此变电系统图有二回路 10kV 电源进线,一回路工作电源由市网供给,电缆引入,由图下方引至高压配电柜中。

2. 10kV/0. 4kV 电气系统图

中小型工厂、宾馆、商住楼等电能用户，一般都采用10kV进线。根据负荷的重要程度，可采用一台或两台变压器供电。

如图2-31所示为一种10kV/0.4kV进线的电气系统图。在图2-31中，电源从W1引入，高压配电装置为两面高压柜，一面柜中装有隔离开关QS、断路器QF，另一面柜中装有一台电压互感器TV和两台电流互感器TA1，柜中还有熔断器F4和避雷器FV。变压器T低压侧中性点接地，并引出中线N接入低压开关柜。在低压配电装置中包括一面主柜，柜中装有三台电流互感器TA2、总隔离开关Q2和总断路器Q3。断路器Q3总后连接柜上的母线W2。低压配电装置中有三条配电回路：左边第一回路上装有隔离开关Q4、熔断器F5和三只电流互感器TA3；中间第二回路上装有隔离开关Q5、断路器Q7，该回路上只安装两只电流互感器TA4，分别监测两根导线中的电流；右边第三回路上的设备与左边第一回路相同。

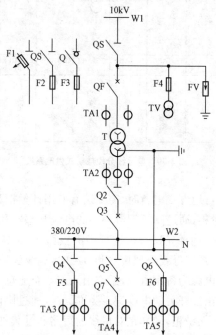

图2-31　10kV/0.4kV进线的电气系统图

如果变压器容量小于 315kV·A,高压设备可以简化,如图 2-31 中左上角所示为三种简化的高压设备配置方法:一是使用室外跌落式熔断器 F1;二是使用隔离开关与熔断器组合;三是使用负荷开关和熔断器组合。后两种配置方法可以把高压电器安装在变压器室的墙壁上,而不使用高压开关柜。

3. 380V/220V 电气系统图

380V/220V 电气系统图,如图 2-32 所示。低压电源经空气断路器或隔离刀开关送至低压母线,用户配电由空气断路器作为带负荷分合电路和供电线路的短路及过载保护,电能表装在每用户进户点。

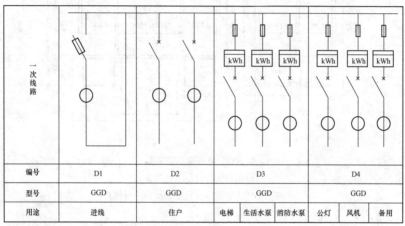

编号	D1	D2	D3			D4		
型号	GGD	GGD	GGD			GGD		
用途	进线	住户	电梯	生活水泵	消防水泵	公灯	风机	备用

图 2-32   380V/220V 电气系统图

第四节   变配电所平、剖面图识读

变配电所平、剖面图是体现变配电所的总体布置和一次设备安装位置的图纸,也是设计单位提供给施工单位进行变配电设备安装所依据的主要技术图纸。它是根据建筑制图标准的要求绘制的。

一、变配电所一般结构布置

一般 6～10kV 屋内变电所,主要由高压配电室、低压配电室和变压器室三部分组成。此外,有的还有静电电容器室及值班室。

1. 高压配电室

高压配电室是安装高压配电设备的房间，其布置是在高压供电系统图（即主接线图）确定后，根据高压开关柜的型式和台数、外形尺寸及维护操作通道宽度等来决定。当台数较少时，采用单列布置；当台数较多时，为双列布置，如图 2-33 所示。

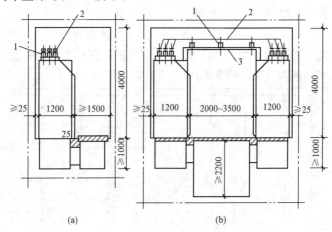

图 2-33　高压配电室布置

(a)单列布置；(b)双列布置

1—高压支柱绝缘子；2—高压母线；3—母线桥

高压配电室的长度由高压开关柜的宽度和台数而定。靠墙的开关柜与墙之间应保留有一定的空隙。高压配电室的高度由高压开关柜的高度和离顶棚的安全净距而定。高压配电室的深度由高压开关柜（1200mm）加操作通道的宽度而定。操作通道的最小宽度，单列布置为 1.5m，双列布置时为 2m，一般可再放宽 0.5m。

2. 低压配电室

低压配电室是安装低于开关柜（低压配电屏）的房间，其布置在低压供电系统图确定之后，根据低压配电屏的型式和台数，外形尺寸及维护操作通道宽度等来决定低压配电室布置型式和尺寸，如图 2-34 所示。

低压配电屏一般采用双面维护式，其屏前、屏后的维护通道最小宽度见表 2-8。低压配电室的高度应和变压器室结合考虑以便变压器低压出线。当配电室与抬高地坪的变压器室相邻时,高度为 4～4.5m;与不抬高地坪的变压器室相邻时,高度为 3.5～4m;配电室为电缆进线时,高度为 3m。

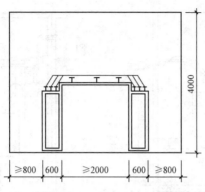

图 2-34　低压配电室布置形式和尺寸

表 2-8　　　　　　低压配电室内屏前后维护通道宽度　　　　　　mm

配电屏形式	配电屏布置方式	屏前通道	屏后通道
固定式	单列布置	1500	1000
	双列面对面布置	2000	1000
	双列背对背布置	1500	1500
抽屉式	单列布置	1800	1000
	双列面对面布置	2300	1000
	双列背对背布置	1800	1000

3. 变压器室

变压器室是安装变压器的房间,变压器室的结构形式与变压器的形式、容量,安防方向,进出线方位及电气主接线方案等有关。变压器在室内安防的方向,按设计要求的不同,有宽面推进和窄面推进。两种形式的变压器室布置,如图 2-35 所示。

变压器室的高度与变压器的高度、进线方式和通风条件有关。根据通风要求,变压器室的地坪有抬高和不抬高两种,地坪不抬高时,变压器放置在混凝土的地面,变压器室高度一般为 3.5～4.8m;地坪抬高时,变压器放置在抬高地坪上,下面是进风洞,通风散热效果好。地坪抬高高度一般有 0.8、1.0、1.2(m)三种,变压器室高度一般应相应地增加到4.8～5.7m。

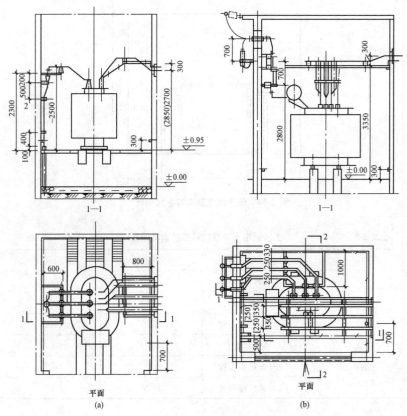

图 2-35　变压器室布置

(a)变压器窄面推进式(电缆进线);(b)变压器宽面推进式(架空进线)

4. 变配电布置图

在低压供电中,为了提高供电的可靠性,一般都采用多台变压器并联运行,当负载增大时,变压器可全部投入,负载减少时,可切除一台变压器,提高变压器的运行效率。如图 2-36 所示为两台变压器的变配电所。从图中可以看出,两台变压器都有独立的变压器室,变压器为窄面推进,油枕朝大门,高压为电缆进线,低压为母排出线。值班室紧靠高低压配电室,而且有门直通,运行维护方便。高压电容室与高压配电室分开,只有一墙之隔,既安全又方便,各室都留有一定余地,便于发展。

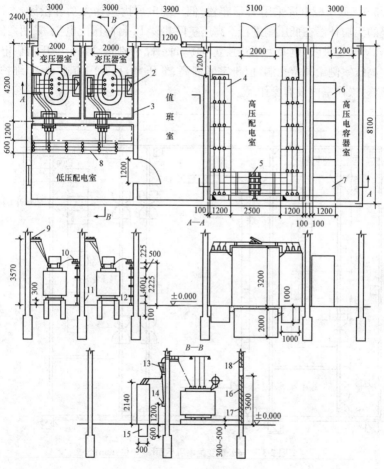

图 2-36　变配电所布置图

二、变配电所平、剖面图识读实例

1. 变配电所平面图

某公寓的变配电所平面图,如图 2-37 所示。该变电所位于公寓地下一层,变电所内共分为高压室、低压室、变压器室、值班室及操作室等。其中,低压配电室与变压器室相邻,变压器室内共设有 4 台变压器,由变压器向低压配电屏采用封闭母线配电,封闭母线距地面高度不能低于2.5m。低压配电屏采用 L 形布置,低压配电屏内包括无功补偿屏,本系统的无功补偿在低压侧进行。高压室内共设 12 台高压配电柜,采用两路10kV 电缆进线,电源为两路独立电源,每一路分别供给两台变压器供电。在高压室侧壁预留孔洞,值班室紧邻高、低压室,且有门直通,便于维护、检修,操作室内设有操作屏。

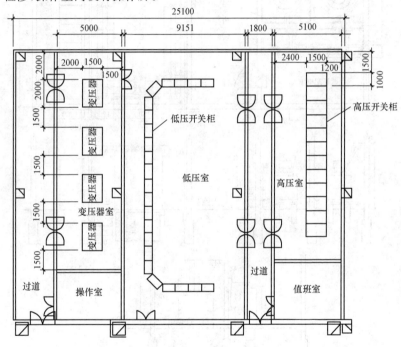

图 2-37　某公寓变配电所平面图(单位:mm)

2. 变电所剖面图

如图 2-38 所示为某变电所平面布置图。该变电所为单台变压器,受电电压为 10kV,高压补偿。从图 2-38 知该变电所由高压配电室、变压器室、低压配电室、电容器室、电工维修室、值班休息室组成。

　　高压配电室装有五台高压开关柜,靠墙安装,对外有一个双扇门,以便进出设备用。另有一门与低压配电室相通。变压器为窄面推进变压器室,油枕在外,高压侧电缆进线,由4号高压开关柜引进。低压配电室装有4台低压配电屏,离墙安装。变压器低压侧母线架空引入配电室;配电线由电缆沟引出。电工维修室为修理电气仪器表而设置的房间,值班休息室设有床铺,以备全天值班。

　　图2-39为图2-38的剖面图。通过该图可更全面了解该变电所的结构。由图2-39(a)可看出两个层高,装有设备的房间,层高为5m,修理间和值班室层高为3.3m,变压器和高压电容器室地坪都抬高,使其通风散热良好。图2-39(b)为高压配电室的剖面图,左边为10kV高压架空引入线,经进线隔离开关而引至高压开关柜上,右边为一路10kV架空引出线,架空线在墙外都装有避雷器进行防雷保护。

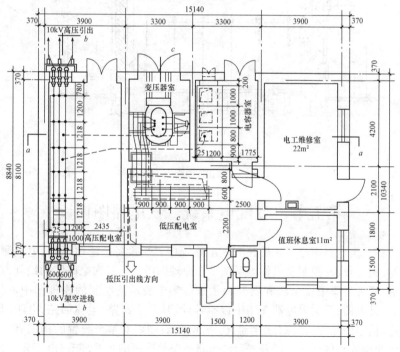

图 2-38　某变电所平面布置图

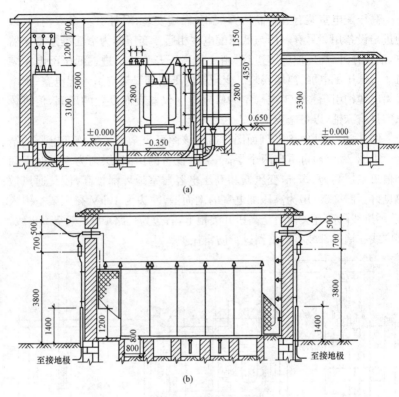

图 2-39　某变电所剖面图

(a)a—a 剖面图；(b)b—b 剖面图

第五节　变配电系统二次电路图识读

　　二次电路图是用来反映变配电系统中二次设备的继电保护、电气测量、信号报警、控制及操作等系统工作原理的图样。二次电路图的绘制方法，通常有集中表示法和展开表示法。集中表示法绘制的原理图中，仪表、继电器、开关等电器在图中以整体绘出，各个回路（电流回路、电压回路、信号回路等）都综合地绘制在一起，使看图者对整个装置的构成有一个明确的整体概念。展开表示法是将整套装置中的各个环节（电压环节、电流环节、保护环节、信号环节等）分开表示，独立绘制，而仪表、继电器等的触点、线圈分别画在各个所属的环节中，同时在每个环节旁标注功能、特征和作用等,便于分析电气原理图。

　　二次电路图也是电气工程图的重要部分,是保证一次设备能够正常、可靠、安全运行所必备的图纸。

一、变配电二次原理图的形式

　　二次电路图又称二次电路原理图,用于详细表示二次电路中电气设备或成套装置的全部组成、工作原理和连接关系。

　　二次电路图从形式上可分为集中式(整绘式)原理图和展开式原理图。

1. 集中式原理图

　　集中式原理图采用集中表示法,在电路图中只画出主接线的有关部分,仪表、继电器、开关等电气设备采用集中表示法将其整体画出,并将其相互联系的电流回路、电压回路、信号回路等所有的回路综合绘制在一起,使看图者对整个装置的构成有整体概念。集中式原理图中的各个元件都是集中绘制的,如图 2-40 所示为 10kV 线路的定时限过电流保护集中式原理图。定时限过电流保护是指线路发生过电流故障时,过电流继电器不马上动作,而经一段时间延时后再动作,延时的长短不随过电流的大小改变。如果动作时间随过电流的增大而缩短,则称为反时限过电流保护。如果线路发生过电流故障时,立即跳闸,称为速断保护。

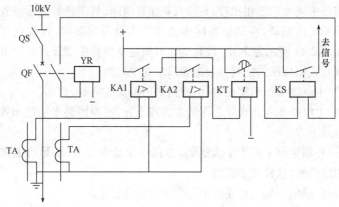

图 2-40　10kV 线路定时限过电流保护集中式原理图

集中式原理图的主要特点如下：

(1)集中式原理图中的各种电气设备都采用图形符号，并用集中表示法绘制。例如，电工仪表的电压线圈和电流线圈是画在一起的。这样，就使得二次设备之间的相互连接关系表现得比较直观，使读者对整个二次系统有整体的概念。

(2)为了更好地说明二次线路对一次线路的测量、监视和保护功能，在绘制二次线路中要将有关的一次线路、一次设备绘出，一般一次线路用粗实线表示，二次线路用细实线表示。

(3)所用器件和元件都要用统一的图形符号表示，并标注统一的文字符号说明。所用电器的触点均以原始状态绘出。

(4)在未给出二次元件的内部接线图中，引出线的编号和接线端子的编号可以省略；控制电源只标出"＋"、"－"极性，没有具体表示从何引来，信号部分也只标出信号，没有画出具体接线。

(5)集中式原理图还不具备完整的使用功能，尤其不能按图进行接线、查线，特别是对于复杂的二次系统，设备、元件的连接线很多，用集中式表示，对绘制和阅读都比较困难。

2. 展开式原理图

展开式原理图一般将电器的各元件按分开式方法表示，每个元件分别绘制在所属电路中，并可按回路的作用，电压性质、高低等组成各个回路。与集中式原理图相比较，其特点是线路清晰、易于理解整套装置的动作程序和工作原理，特别是当接线装置二次设备较多时，其优点更加突出。如图 2-41 所示为 10kV 线路的定时限过电流保护展开式原理图。

展开式原理图的绘制一般遵循以下几个原则：

(1)主电路采用粗实线，控制回路采用细实线绘制。

(2)主电路垂直线布置在图的左方或上方，控制回路水平线布置在图的右方或下方。

(3)控制电路采用水平线绘制，并且尽量减少交叉，并尽可能按照动作的顺序排列，这样便于阅读。

(4)全部电器触点是在开关不动作时的位置绘制。

(5)同一电气设备元件的不同位置，线圈和触点均采用同一文字符号标明。

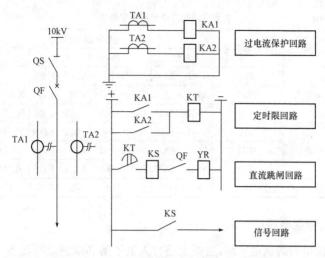

图 2-41 10kV 线路定时限过电流保护展开式原理图

(6)每一接线回路的右侧一般应有简单文字说明,并分别说明各个电气设备元件的作用。

(7)在变配电站的高压侧,控制回路采用直流操作或交流操作电源,一般采用小母线供电方式,并采用固定的文字符号区分各个小母线的种类和用途。

(8)为了安装接线及维护检修方便,在展开式原理图中,将每一回路及电气设备元件之间的连接相应标号,并按用途分组。直流回路分组及数字标号,见表 2-9,交流同路分组及数字标号,见表 2-10。

表 2-9 常用直流回路分组及数字符号

回路名称	数字标号组			
	Ⅰ	Ⅱ	Ⅲ	Ⅳ
正电源回路	1	101	201	301
负电源回路	2	102	202	302
合闸回路	3～31	103～131	203～231	303～331
跳闸回路	33～49	133～149	233～249	333～349
保护回路	01～099(或 J1～J99)			
信号及其他回路	701～999			

表 2-10　　　　　　　　　　常用交流回路分组及数字符号

回路名称	互感器符号	数字标号组			
		A 相	B 相	C 相	N 相
电流回路	LH	A401～A409	B401～B409	C401～C409	N401～N409
	1LH	A411～A419	B411～B419	C411～C419	N411～N419
	2LH	A421～A429	B421～B429	C421～C429	N421～N429
电压回路	YH	A601～A609	B601～B609	C601～C609	N601～N609
	1LH	A611～A619	B611～B619	C611～C619	N611～N619
	2LH	A621～A629	B621～B629	C621～C629	N621～N629
控制、保护、信号回路		A1～A399	B1～B399	C1～C399	N1～N399

二、测量电路图

变配电所的测量回路,主要供运行人员了解和掌握电气设备及动力设备的工作情况,以及电能的输送和分配情况,以便及时调整、控制设备的运行状态,分析和处理事故。因此,为了了解变配设备的运行情况和特征,需要对电气设备进行电压、电流、功率、电能等各方面的测量。

1. 电压测量回路

低压线路电压的测量,可将电压表直接并接在线路中。高压配电线路电压的测量,一般要加装电压互感器,电压表通过电压互感器来测量线路电压。常用电压测量方法,见表 2-11。

表 2-11　　　　　　　　　　常用电压测量方法

序号	类　别	说　明
1	直接电压测量线路	当测量低压线路电压时,可将电压表直接并接在线路中,如图 1 所示。这种方式适用于高压线路电压测量 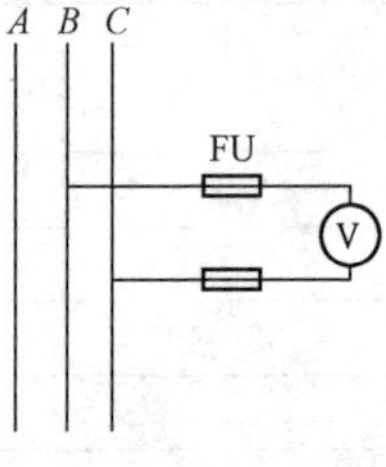 图 1　直接电压测量线路

序号	类　　别	说　　明
2	两相式电压 测量线路	采用两个单相电压互感器如图2所示,用以测量三个电压。这种方式适用于两相电路的电压测量 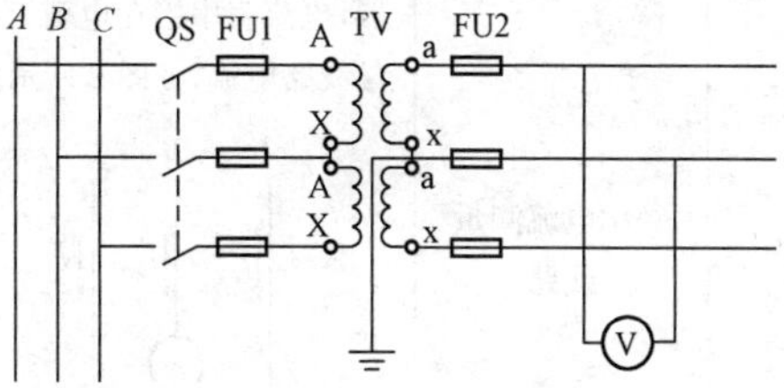 **图2　两相式电压测量线路**
3	三相式电压 测量线路	采用三只电压表分别与三只单相电压互感器二次侧连接,如图3所示,分别测量三相电压。这种方式适用于三相电路的电压测量。 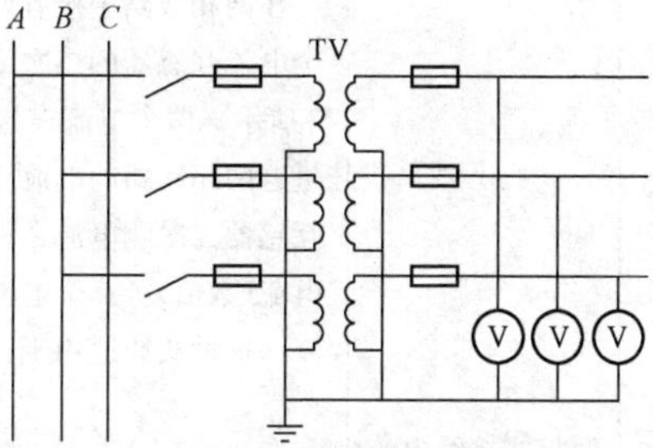 **图3　三相式电压测量线路**

2. 电流测量回路

在6～10kV高压变配电线路和380V/220V低压配电线路中测量电流,一般要用电流互感器。常用电流测量方法,见表2-12。

3. 功率、电能测量回路

为了掌握变配电线路的负荷情况,需要对电气设备的功率和电能进行测量。常用功率、电能测量方法,见表2-13。

表2-12   常用电流测量方法

序号	类　　　别	说　　明
1	一相电流测量 线路	当线路电流比较小时，可将电流表直接串入电路，如图 1 所示；当线路电流较大时，一般在线路中安装一只电流互感器，电流表串接在电流互感器的二次侧，通过电流互感器测量线路电流，如图 2 所示。 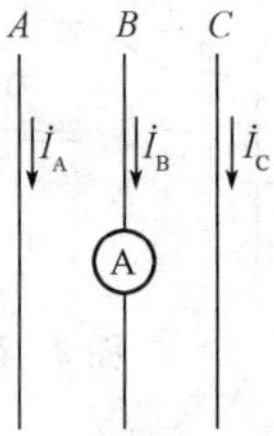 图 1　直接串联电路 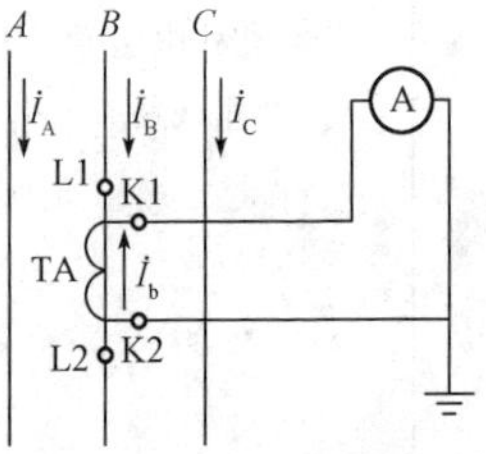　　图 2　电流互感器测量线路
2	两相式接线电流 测量线路	在两相线路中接有两只电流互感器，组成 V 形连接，在两个电流互感器的二次侧接有三只电流表（三表二元件），如图 3 所示。两个电流表与两个电流互感器二次侧直接连接，测量这两相线路的电流，另一个电流表所测的电流是两个电流互感器二次测电流之和，正好是未接电流互感器那相的二次电流（数值）。三个电流表通过两个电流互感器测量三相电流。这种接线适用于三相平衡的线路中。 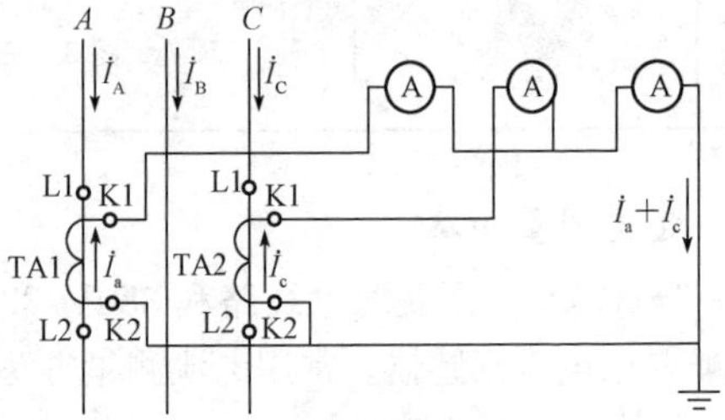 图 3　两相式接线电流测量线路

续表

序号	类　　别	说　　明
3	三相显形接线测量线路	图4为三表三元件电流测量电路,三只电流表分别与三个电流互感器的二次侧连接,分别测量三相电流,这种接线广泛用于三相负荷不平衡电路中。 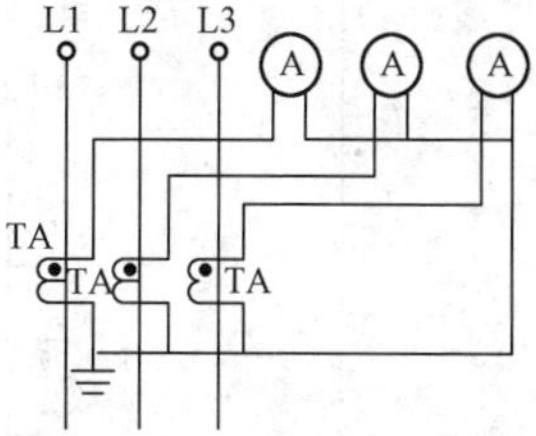 图4　三相显形接线测量线路

表 2-13　　　　　　　　　　　常用功率、电能测量方法

序号	类　　别	说　　明
1	单相功率测量线路	单相功率测量线路如图1所示,图(a)是直接测量线路,电流线圈串入被测电路,电压线圈并入被测电路。"＊"为同名端;图(b)是单相功率表的电压线圈和电流线圈分别经电压互感器和电流互感器接入。 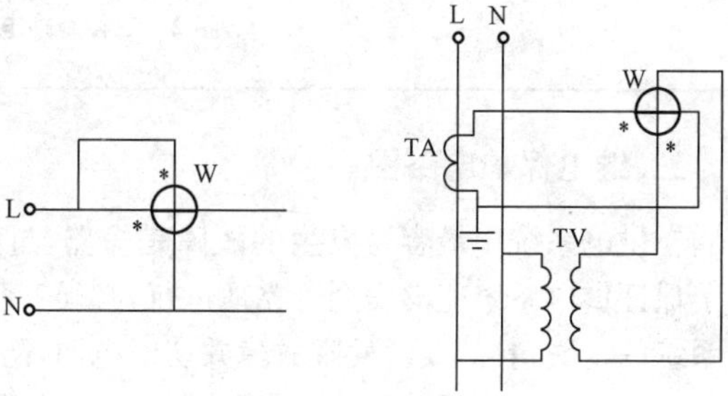 (a)　　　　　　　(b) 图1　单相功率测量线路

序号	类　别	说　　明
2	三相有功电能表测量线路	三相有功电能表线路如图2所示,表头的电压线圈的电流线圈经电压互感器和电流互感器接入。图(a)为集中表示法;图(b)为分开表示法。PJ为电能表。 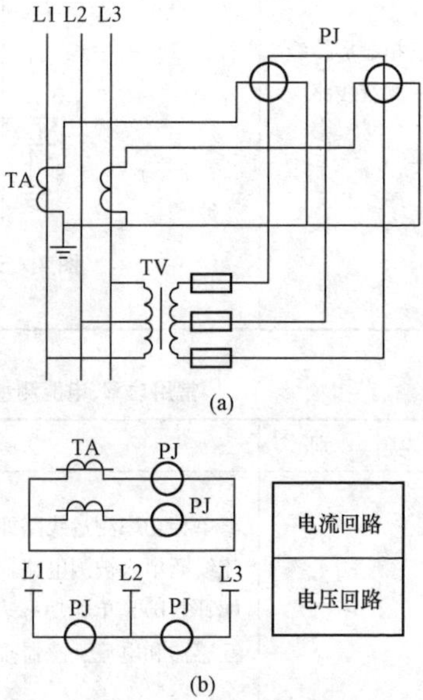 (a) (b) 图2　三相有功电能表测量线路

三、继电保护电路图

在供电系统中最容易发生的故障是短路、过载、绝缘击穿和雷击等。为了保证供电系统能够安全可靠地运行,必须安装保护装置,以便监视供电系统的工作情况,及时发现故障并切断电源,防止事故扩大。常用的保护有定时限过电流保护、反时限过电流保护、电流速断保护、单相接地保护等。

1. 定时限过电流保护

定时限过电流保护装置是指电流继电器的动作限时固定的,其主要由电磁式电流继电器等构成,如图 2-42 所示是定时限过电流保护装置的原理图和展开图。在图 2-42(a)中,所有元件的组成部分都集中表示;在图 2-42(b)中,所有元件的组成部分按所属回路分开表示。展开图简明清晰,广泛应用于二次回路图中。

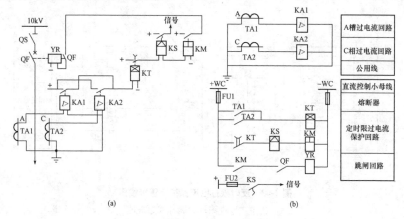

(a)　　　　　　　　　　　　　　　(b)

图 2-42　定时限过电流保护装置接线图

(a)集中式原理图;(b)展开式原理图

　　电流继电器 KA1、KA2 是保护装置的测量元件,用来鉴别线路的电流是否超过整定值;时间继电器 KT,是保护装置的延时元件,用延时的时间来保证装置的选择性,控制装置的动作;信号继电器 KS,是保护装置的显示元件,显示装置动作与否和发出报警信号;KM 中间继电器,是保护装置的动作执行元件,直接驱动断路器跳闸。

　　正常运行时,过电流继电器不动作,KA1、KA2、KT、KS、KM 的触点都是断开的。断路器跳闸线圈 YR 电源断路,断路器 OF 处在合闸状态。

　　当在保护范围内发生故障或过电流时,电流继电器 KA1、KA2 动作,触点闭合,启动时间继电器 KT,经过 KT 的预定延时后,其触点启动信号继电器 KS 和中间继电器 KM,接通 YR 电源,断路器 QF。跳闸,同时信号继电器 KS 触点闭合,发出动作和报警信号。

2. 反时限过电流保护

　　反时限过电流保护装置是指电流继电器的动作时限与通过它的电流的大小成反比。其主要由 GL 型感应式电流继电器构成,如图 2-43 所示是反时限过电流保护装置的原理图和展开图。在图 2-43(a)中,所有元件的组成部分都集中表示;在图 2-43(b)中,所有元件的组成部分按所属回路分开表示。该继电器具有反时限特性,动作时限与短路电流大小有关,短路电流越大,动作时限越短。

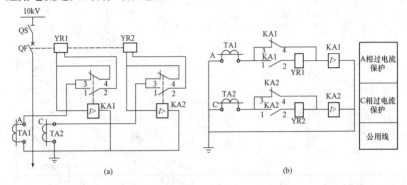

图 2-43　反时限过电流保护装置接线图
(a)集中式原理图;(b)展开式原理图

如图 2-43 所示的反时限过电流保护采用交流操作的"去分流跳闸"原理。正常运行时,跳闸线圈被继电器的动断触点短路,电流互感器二次侧电流经继电器线圈及动断触点构成回路,保护不动作。

当线路发生短路时,继电器动作,其动断触点打开,电流互感器二次侧电流流经跳闸线圈,断路器 QF 跳闸,切断故障线路。

3. 电流速断保护

电流速断保护是一种瞬时动作的过电流保护,它的选择性不是依靠时限,而是依靠选择适当的动作电流来解决,在实际中电流速断保护常与过电流保护配合使用。如图 2-44 所示是定时限过电流保护和电流速断保护的接线图。定时限过电流保护和电流速断保护共用一套电流互感器和中间继电器,电流速断保护还单独使用电流继电器 KA3 和 KA4,信号继电器 KS2。

当线路发生短路时,流经继电器电流大于电流速断的动作电流时,电流继电器动作,其动合触点闭合,接通信号继电器 KS2 和中间继电器 KM 回路,中间继电器 KM 动作使断路器跳闸,KS2 动作表示电流速断保护动作,并启动信号回路发出灯光和音响信号。

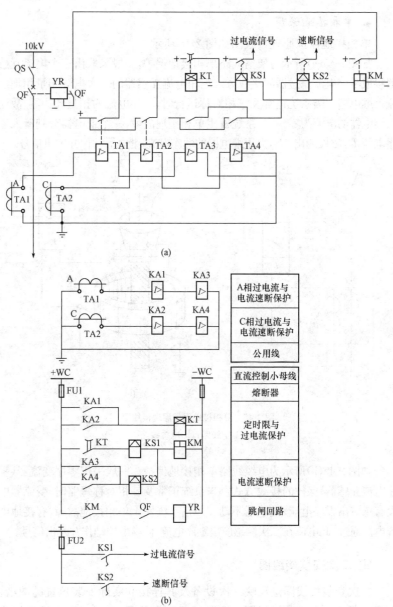

图 2-44　定时限过电流保护和电流速断保护接线图

(a)集中式原理图；(b)展开式原理图

4. 单相接地保护

单相接地保护原理接线图如图 2-45 所示。

如图 2-45(a)所示为架空线路单相接地保护,一般采取由三个电流互感器接成零序电流滤过器的接线方。三相电流互感器的二次电流相量相加后流入继电器。当系统正常及三相对称运行时,三相电流的相量和为零,故流入继电器的电流为零,一旦系统发生单相接地故障,三个继电器分别流入零序电流 I_0,故检测出 $3I_0$,大于继电器的动作电流,继电器动作并发出信号。

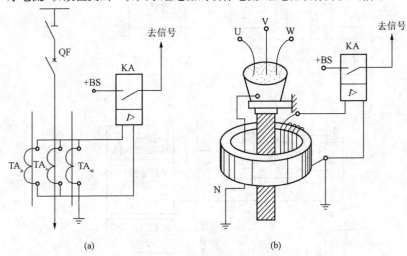

(a)　　　　　　　　　　　　　(b)

图 2-45　单相接地保护原理接线图

(a)架空线路;(b)电缆线路

如图 2-45(b)所示为电缆线路单相接地保护。一般采用零序变流器(零序电流互感器)保护的接线方式。当系统正常及三相对称短路时,变流器中没有感应出零序电流,继电器不动。一旦系统发生单相接地故障,有接地电容电流通过,此电流在二次侧感应出零序电流,使继电器动作并发出信号。

四、二次安装接线图

二次安装接线图是反映二次设备及其连接和实际安装位置的图纸。变配电所的二次安装接线图主要包括屏面布置图、端子排图和屏后接线图等。这类图纸比较形象简单,但有许多特点及特殊表现手法,读者识图时应加以注意。

1. 屏面布置图

屏面布置图主要是反映二次设备在屏面上具体位置的详细安装尺寸,也是用来装配屏面设备时的依据。屏面设备的排列布置一般应符合下列要求:

(1)便于观察。在运行中需经常监视的仪表,一般布置在离地面1.8m上下;属于同一电路的相同性质的仪表,布置时应互相靠近;信号设备的布置要显而易辨。

(2)便于操作和调整。控制开关、调节手轮、按钮的高度一般距地面0.8~1.5m。

(3)检修试验安全、方便。

(4)设备布置要紧凑合理、协调美观。屏面布置图一般都是按照一定比例绘制而成的,并标出与原理图一致的文字符号和数字符号。控制屏屏面布置图样如图2-46所示。

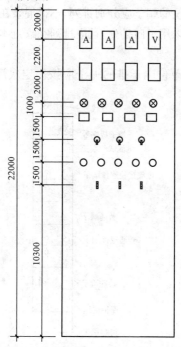

图2-46 控制屏屏面布置图样 (单位:mm)

2. 端子排图

端子排是屏内与屏外各个安装设备之间连接的转换回路。在各种控制、保护、信号等二次屏屏后的左右两侧，均装设有接线端子排，它由各种形式的接线端子组合而成。端子排图是表示端子排内各端子与外部设备之间导线连接的图，也称端子排接线图。

一般将为某一主设备服务的所有二次设备称为一个安装单位，它是二次接线图上的专用名词，如"××变压器"、"××线路"等。对于公用装置设备，如信号装置与测量装置，可单独用一个安装单位来表示。

在二次接线图中，安装单位都采用一个代号表示，一般用罗马数字编号，即Ⅰ、Ⅱ、Ⅲ等。这一编号是这一安装单位用的端子排编号，也是这一单位中各种二次设备总的代号。如第Ⅱ安装单位中第5号设备，可以表示为Ⅱ5。

端子排的表示方法，如图2-47所示。端子的排列应遵照下列原则：

(1)不同安装单位的端子应分别排列，不得混杂在一起。

(2)端子排一般采用竖向排列，且应排列在靠近本安装单位设备的那一侧。

(3)每一个安装单位端子排的端子应按一定次序排列，以便于寻找端子。

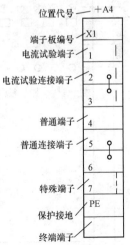

图2-47　端子排表示方法

3. 屏后接线图

屏后接线图是根据展开式原理图、屏面布置图与端子排图而绘制的，作为屏内配线、接线和查线的主要参考图，也是安装图中的主要图纸。它是以展开图、屏面布置图和端子排图为依据绘制的。

屏后接线图的绘制应遵照下列基本原则：

(1)屏后接线图是背视图，看图者的位置应在屏后，所以左右方向正好与屏面布置图相反。

(2)屏上各设备的实际尺寸已由平面布置图决定，图形不要按比例绘制，但要保证设备间的相对位置正确。

(3)各设备的引出端子应注明编号，并按实际排列顺序画出。设备内部接线一般不必画出，或只画出有关的线圈和触点。从屏后看不见的设备轮廓，其边框应用虚线表示。

(4)屏内设备的标注方法如图 2-48 所示。屏上设备间的连接线，应尽可能以最短线连接，不应迂回曲折。一般在设备图形上方画一个圆圈来进行标注，上面写出安装单位编号，旁边标注该安装单位内的设备顺序号，下面标注设备的文字符号和设备型号。

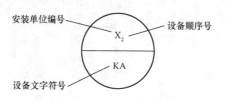

图 2-48　屏内设备的标注方法

五、二次安装接线图识读实例

某建筑 10kV 变电所变压器柜二次回路接线图，如图 2-49 所示。由图可知，其一次侧为变压器配电柜系统图，二次侧回路分为控制回路、保护回路、电流测量和信号回路图等。

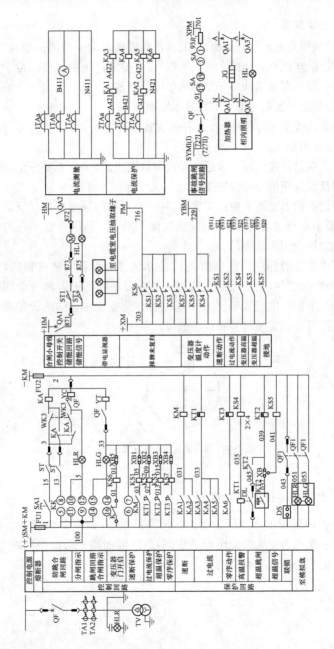

图2-49　某建筑10kV变电所变电所变压器柜二次回路接线

第三章　送电线路工程图识读

送电线路有电力电缆线路和电力架空线路,是担负电力输送任务的重要设备,是构成工矿企业、民用建筑电气工程的重要组成部分,因此电力电缆工程图和电力架空线路工程图是最常见的电气工程图。

第一节　架空电力线路工程图识读

架空电力线路是指安装在室外的电杆上,用来输送电能的线路。电力网中的线路,大体上可分为送电线路(又称输电线路)和配电线路。架设在升压变电站与降压变电站之间的线路,称为送电线路,是专门用于输送电能的。从降压变电站至各用户之间的 10kV 及以下线路,称为配电线路,是用于分配电能的。配电线路中又分为高压配电线路和低压配电线路。1kV 以下线路为低压架空线路,1~10kV 为高压架空线路。由于架空线路与电缆线路相比有较多的优点,如成本低、投资少、安装容易,维护和检修方便,易于发现和排除故障等,所以架空线路在一般用户中得到广泛的应用。

一、架空线路的组成

电力架空线路主要由导线、电杆、绝缘子、横担、金具、拉线、基础及接地装置等组成,其结构如图 3-1 所示。

(一)导线

导线是线路的主体,担负着输送电能的功能。它的主要作用是传导电流,还要承受正常的拉力和气候影响(风、雨、雪、冰等)。

架空电力线路所用的导线有裸导线和绝缘线两大类。裸导线按其结构分,有单股导线、多股导线和复合材料多股绞线。绞线又分钢绞线、铝绞线和钢芯铝绞线。单股导线直径最大不超过 4mm,截面一般在 10mm² 以下。架空线常用的导线是铝绞线、钢芯铝绞线等,钢芯铝绞线用于高压线路,铝绞线用于低压线路,低压线路也常用绝缘铜导线作架空线路。在

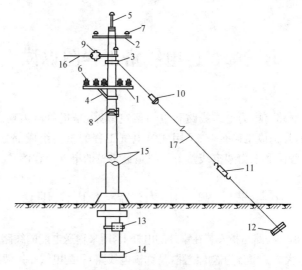

图 3-1　电力架空线路的组成

1—低压横担;2—高压横担;3—拉线抱箍;4—横担支撑;5—高压杆头;

6—低压针式绝缘子;7—高压针式绝缘子;8—低压蝶式绝缘子;

9—悬式蝶式绝缘子;10—拉紧绝缘子;11—花篮螺栓;12—地锚(接线盒);

13—卡盘;14—底盘;15—电杆;16—导线;17—拉线

35kV 以上的高压线路中,还要架装避雷线,常用的避雷线为镀锌钢绞线。

架空导线型号由汉语拼音字母和数字两部分组成,字母在前,数字在后。L——铝导线,T——铜导线,G——钢导线,GL——钢芯铝导线;后面再加字母 J 时表示多股绞线,不加字母 J 表示单股导线。字母后面的数字表示导线的标称截面积,单位是 mm^2。钢芯铝绞线字母后面有两个数字,斜线前的数字为铝线部分的标称截面积,斜线下面为钢芯的标称截面。例如:

TJ-25 表示标称截面为 $25mm^2$ 的铜绞线。

LJ-35 表示标称截面为 $35mm^2$ 的铝绞线。

LGJ-25/4 表示标称截面为 $25mm^2$ 的钢芯铝绞线(25 指铝线截面,4 指钢线截面)。

LGJQ-150 表示标称截面为 $150mm^2$ 的轻型钢芯铝绞线。

LGJJ-185 表示标称截面为 $185mm^2$ 的加强型钢芯铝绞线。

架空线路的导线一般采用铝绞线。当高压线路档距或交叉档距较长,杆位高差较大时,架空线应采用钢芯铝绞线。在我国沿海地区,由于盐雾或有化学腐蚀的气体会对架空线路的导线造成腐蚀,因而降低导线的使用年限,施工时宜采用防腐铝绞线、铜绞线或采取其他措施。在城市中,为了安全,在街道狭窄和建筑物稠密地区应采用绝缘导线,避免造成漏电伤人事故,保证输送电正常运行。从10kV线路到配电变压器高压侧套管的高压引下线应用绝缘导线,不能用裸导线。由配电变压器低压配电箱(盘)引到低压架空线路上的低压引上线采用硬绝缘导线,低压进户、接户线也必须采用硬绝缘导线。

　　架空配电线路的导线不应采用单股的铝线或铝合金线。高压线路的导线不应采用单股铜线。配电线路导线的截面按机械强度要求不应小于表 3-1 所列数值的规定。

表 3-1　　　　　　　　　　　　导线最小截面　　　　　　　　　　　　mm²

线　路\ 导线种类	高压线路		低压线路
	居民区	非居民区	
铝绞线及铝合金绞线	35	25	16
钢芯铝绞线	25	16	16
铜绞线	16	16	(φ3.2mm)

　　3～10kV 架空配电线路的导线,一般采用三角或水平排列,多回路线路共杆时宜采用三角水平混合排列或垂直排列。低压配电线路架空导线,一般采用水平排列。由于低压架空配电线路中性线的电位在三相对称时为零,而且其截面也较小,机械强度较差,所以中性线一般架设在靠近电杆的位置。架空配电线路的线间距离,一般不应小于表 3-2 中所列数值。

表 3-2　　　　　　　　架空配电线路线间的最小距离　　　　　　　　m

导线排列方式	档　距								
	40 及以下	50	60	70	80	90	100	110	120
采用针式绝缘子或瓷横担的3～10kV线路,不论导线的排列形式	0.6	0.65	0.7	0.75	0.85	0.9	1.0	1.05	1.15

续表

导线排列方式	档　　距								
	40 及以下	50	60	70	80	90	100	110	120
采用针式绝缘子的 3kV 以下线路，不论导线排列形式	0.3	0.4	0.45	0.5					

(二)电杆

电杆是用来支撑架空线路导线的杆塔。电杆按材质可分为木电杆、钢筋混凝土电杆和铁塔三种。木电杆运输和施工方便，价格便宜，绝缘性能较好，但是机械强度较低，使用年限较短，日常的维修工作量偏大。目前除在建筑施工现场作为临时用电架空线路外，其他施工场所中用的不多。钢筋混凝土电杆常用的多为圆形空心杆，规格见表 3-3。铁塔一般用于 35kV 以上架空线路的重要位置上。

表 3-3　　　　　　　　　钢筋混凝土电杆规格

杆长/m	7	8		9		10		11	12	13	15
梢径/mm	150	150	170	150	190	150	190	190	190	190	190
底径/mm	240	256	277	270	310	283	323	337	350	363	390

电杆按其在线路中的作用，可分为六种结构形式：直线杆、耐张杆、转角杆、终端杆、分支杆和跨越杆，如图 3-2 所示。

(1)直线杆(中间杆)。直线杆如图 3-2(a)所示，其位于线路的直线段上，只承受导线的垂直荷重和侧向的风力，不承受沿线路方向的拉力。线路中的电线杆大多数为直线杆，约占全部电杆数的 80%。

(2)耐张杆。耐张杆如图 3-2(b)所示，其位于线路直线段上的数根直线杆之间，或位于有特殊要求的地方(架空线路需分段架设处)，这种电杆在断线事故和架线紧线时，能承受一侧导线的拉力，将断线故障限制在两个耐张杆之间，并且能够给分段施工紧线带来方便。所以耐张杆的机械强度(杆内铁筋)比直线杆要大得多。

(3)转角杆。转角杆如图 3-2(c)所示，用于线路改变方向的地方，它的结构应根据转角的大小而定,转角的角度有 15°、30°、60°、90°。转角杆可以是直线杆型的,也可以是耐张杆型的,要在拉线不平衡的反方向一面装设拉力。

(4)终端杆。终端杆如图 3-2(d)所示,其位于线路的终端与始端,在正常情况下,除了受到导线的自重和风力外,还要承受单方向的不平衡力。

(5)分支杆。分支杆如图 3-2(e)所示,其位于干线与分支线相连处,在主干线路方向上有直线杆和耐张杆型;在分支方向侧则为耐张杆型,能承受分支线路导线的全部拉力。

(6)跨越杆。跨越杆用于铁道、河流、道路和电力线路等交叉跨越处的两侧。由于它比普通电线杆高,承受力较大,故一般要加人字或十字拉线补充加强。

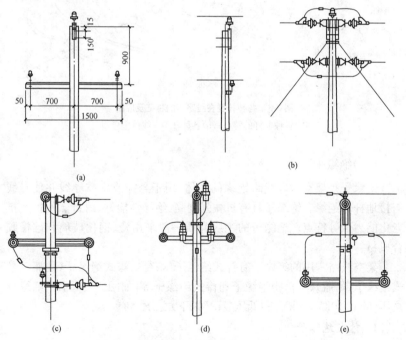

图 3-2 杆塔按用途不同的常用类型(单位:mm)

(a)直线杆;(b)耐张杆;(c)转角杆;(d)终端杆;(e)分支杆

各种杆型在线路中的特征及其在线路中的应用,如图 3-3 所示。

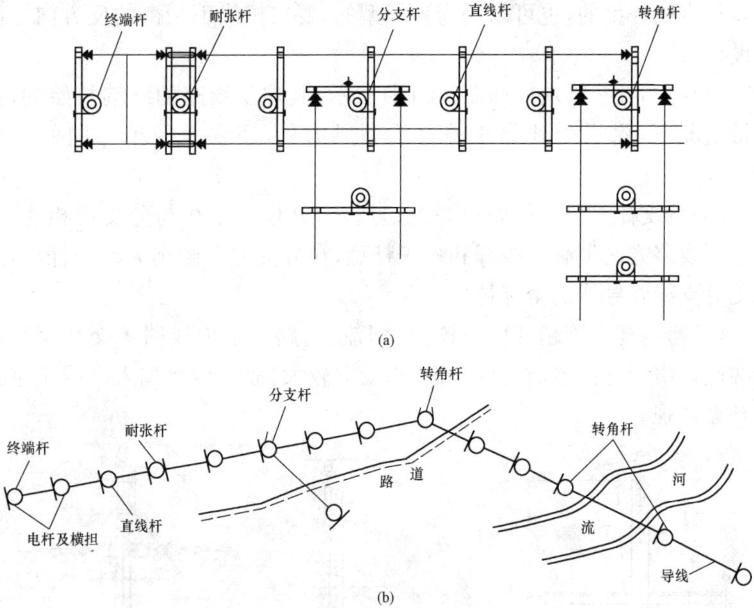

(a)

(b)

图 3-3　各种杆型在线路中的特征及应用

(a)各种电杆的特征;(b)各种杆型在线路中应用

(三)绝缘子

绝缘子是架空输电线路绝缘的主体,用于悬挂或支撑导线并使导线与接地杆塔绝缘。绝缘子具有机械强度高、绝缘性能好、耐自然侵蚀及抗老化能力强等特点。绝缘子的绝缘介质一般采用瓷、钢化玻璃和硅橡胶合成材料。

架空线路常用的绝缘子有针式绝缘子(茶台)、蝶式绝缘子(柱瓶)、悬式绝缘子(吊瓶)、瓷横担绝缘子和棒式绝缘子等,如图 3-4 所示。绝缘有高压(6kV、10kV、35kV)和低压(1kV 以下)之分。

1. 针式绝缘子

低压线路针式绝缘子由瓷件和钢脚装配而成。瓷件表面涂有一层白色瓷釉,金属附件表面全部镀锌。钢脚形式有木担直脚、铁担直脚和弯脚三种,如图 3-5 所示。

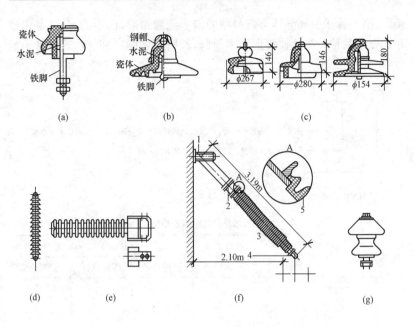

图 3-4　绝缘子类型图

(a)针式绝缘子;(b)悬式绝缘子;(c)防污型悬式绝缘子;(d)瓷质棒式绝缘子;
(e)瓷横担绝缘子;(f)玻璃钢摆动式绝缘横担;(g)蝶式绝缘子

1—轴;2—金属套节;3—环氧树脂玻璃钢绝缘子;4—金属帽;5—外壁

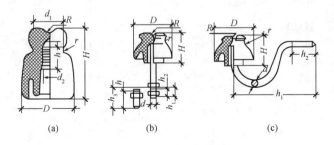

图 3-5　低压线路针式绝缘子

(a)木担直脚绝缘子;(b)铁担直脚绝缘子;(c)弯脚绝缘子

针式绝缘子用于电压不超过 35kV 的线路上,根据绝缘子泄漏距离即爬距(沿绝缘子表面导体与铁脚间的最小绝缘距离)的不同,分为普通型和加强型两种。按其铁脚形式为短脚、长脚和弯脚三种。针式绝缘子型号含义为:

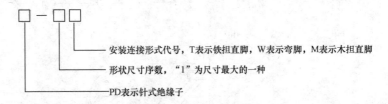

　　　　　　安装连接形式代号,T表示铁担直脚,W表示弯脚,M表示木担直脚
　　　　　　形状尺寸序数,"1"为尺寸最大的一种
　　　　　　PD表示针式绝缘子

　　低压线路针式绝缘子规格,见表 3-4。

表 3-4　　　　　　　　　　低压线路针式绝缘子规格

序号	型　　号	瓷件弯曲强度/kN	主要尺寸/mm		
			瓷件直径	螺纹直径	安装长度
1	PD-1T	8	80	16	35
2	PD-1M	8	80	16	110
3	PD-1-1T	10	88	16	35
4	PD-1-1M	10	88	16	110
5	PD1-T	10	76	12	35
6	PD1-M	10	76	12	110
7	PD-2T	5	70	12	35
8	PD-2M	5	70	12	105
9	PD-2W	5	70	12	55
10	PD-1-2T	8	71	12	35
11	PD-1-2M	8	71	12	110
12	PD-1-3T	3	54	10	35
13	PD-1-3M	3	54	10	110

2. 蝶式绝缘子

低压线路蝶式绝缘子由瓷件、穿针和铁板构成。瓷件带有两个较大的伞裙,表面涂一层棕色或白色瓷釉,如图 3-6 所示。低压线路蝶式绝缘子规格,见表 3-5。

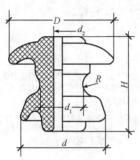

图 3-6　低压线路蝶式绝缘子

表 3-5　　　　　　　　　低压线路蝶式绝缘子规格

序号	型号	机械强度 /kN	主要尺寸/mm			参考质量 /kg	安装环境 与要求
			瓷件直径	瓷件高度	内孔直径		
1	ED-1	12	100	90	22	0.75	用作工频交流或直流电压 1kV 以下低压架空线路终端、耐张和转角杆上作绝缘和固定之用,同时亦被广泛用在线路中支持导线
2	163001	18	120	100	22	1.0	
3	ED-2	10	80	75	20	0.40	
4	163002	13	89	76	20	0.5	
5	163003	15	90	80	20	0.5	
6	163004	13	80	80	22	0.25	
7	ED-3	8	70	65	16	0.25	
8	163005	10	75	65	16	0.25	
9	ED-4	5	60	50	16	0.15	

3. 悬式绝缘子

悬式绝缘子一般组装成绝缘子串使用,我国生产的悬式绝缘子有普通型和防污型两类。

普通型悬式绝缘子有新系列(XP)、老系列(X)和钢化玻璃系列

(LPX)三大类。新系列产品尺寸小、质量小、性能好、金属附件连接结构标准化，它将逐步取代老系列产品。钢化玻璃绝缘子除了有新系列优点外，还具有强度高、爬距大、不易老化、维护方便等优点。普通悬式绝缘子按其连接方法可分为球形和槽形两种。防污型悬式绝缘子，按其伞形结构不同分为双层伞形和钟罩形两种。

悬式绝缘子型号含义为：

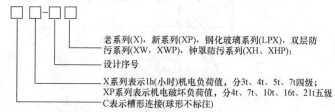

老系列(X)，新系列(XP)，钢化玻璃系列(LPX)，双层防
污系列(XW、XWP)，钟罩防污系列(XH、XHP)；

设计序号

X系列表示1h(小时)机电负荷值，分3t、4t、5t、7t四级；
XP系列表示机电破坏负荷值，分4t、7t、10t、16t、21t五级

C表示槽形连接(球形不标注)

4. 瓷横担绝缘子

瓷横担绝缘子有全瓷式和胶装式两种，前者直接绑扎，后者瓷头部带有连接金具，可以悬挂线夹。瓷横担绝缘子结构简单、安装方便、能充分利用杆高，降低线路造价，较常用于10～35kV线路中。

低压线路瓷横担绝缘子规格见表3-6。

表3-6　　　　　　　　　　低压线路瓷横担绝缘子规格

序号	型　号	额定电压/kV	主要尺寸/mm		
			长度	线槽数	线间距离
1	SD1-1	0.2	535	2	400
2	SD2-2	0.2	570	2	380
3	168501	0.5	360	3	93
4	168502	0.5	430	3	93
5	168503	0.5	470	3	93
6	168001	0.5	305	2	155

5. 横担

横担安装于电杆顶端，用于固定绝缘子架设导线，有时也用来固定开关设备或避雷器等。为使导线、电气设备间保持一定的安全距离，要求横担应有一定的强度和长度尺寸。

横担的种类很多，按制作材料可分为木横担、钢横担和瓷横担三种。

高、低压架空配电线路的横担主要是这三种,常用的钢横担和木横担的规格,见表 3-7。

表 3-7　　　　　　　　　配电线路常用的横担规格　　　　　　　　　m

横担种类	高　　压	低　　压
钢横担	<63×5	<50×5
木横担(圆形截面)	$\phi120$	$\phi100$
木横担(方形截面)	100×100	80×80

常用横担的形式可分为正横担、侧横担、交叉横担、单横担和双横担等,如图 3-7 所示。正横担的中央固定在电杆上,用于一般直线杆。侧横担装设在人行道旁或靠近建筑物的电杆上。双横担用于电线拉力较大的耐张杆或终端杆。交叉横担纵横交叉安装,装在线路交叉、分支处的电杆上,或大转角处的电杆上。15°以下的转角杆可采用单横担,15°~45°的转角杆可采用双横担,45°以上的转角杆可采用十字横担。

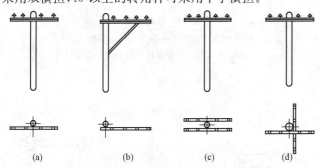

图 3-7　几种常用横担的形状
(a)正横担;(b)侧横担;(c)双横担;(d)交叉横担

6. 金具

在架空线路的施工中,横担的组装、绝缘子的安装紧固、导线的架设拉紧和电杆拉线的调整等都需要使用金属附件,如抱箍、线夹、垫铁、穿心螺栓、花篮螺栓、球头挂环、直角挂板和碗头挂板等,这些金属附件统称为线路金具。架空线路常用的各种金具如图 3-8~图 3-10 所示。这些金具均有符合国家标准规定的系列产品。

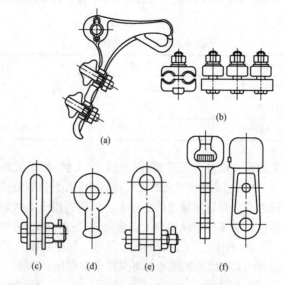

图 3-8　线路金具

(a)耐张线夹;(b)并沟线夹;(c)U 形挂环;

(d)球头挂环;(e)直角挂板;(f)碗头挂板

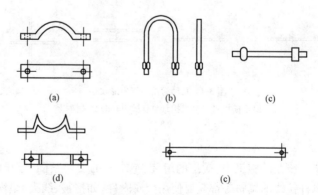

图 3-9　横担固定金具

(a)半圆夹板;(b)U 形抱箍;(c)穿心螺栓;

(d)扁铁垫块;(e)支撑

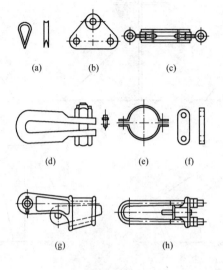

图 3-10 拉线金具

(a)心形环;(b)双拉线联板;(c)花篮螺栓;

(d)U 形拉线挂环;(e)拉线抱箍;(f)双眼板;

(g)楔形线夹;(h)可调式 UT 形线夹

7. 拉线

拉线是为了平衡电杆各方面的作用力和抵抗风压以防止电杆倾倒而装设的。拉线按用途和结构可分为以下几种:

(1)普通拉线。又称尽头拉线,主要用于终端杆上,起拉力平衡作用。

(2)转角拉线。用于转角杆,也起平衡拉力的作用。

(3)人字拉线。又称二侧拉线,用于基础不牢固和交叉跨越高杆或较长的耐张杆中间的直线杆,保持电杆平衡,以免倒杆、断杆。

(4)高桩拉线(水平拉线)。用于跨越道路、河道和交通要道处,高桩拉线要保持一定高度,以免妨碍交通。

(5)自身拉线(弓形拉线)。为了防止电杆受力不平衡或防止电杆弯曲,因地形限制不能安装普通拉线,可采用自身拉线。

各种拉线如图 3-11 所示。

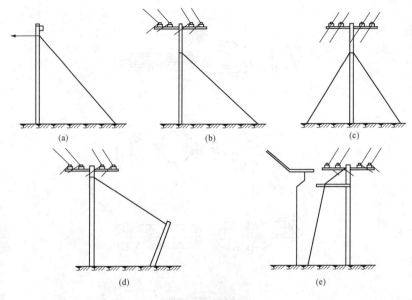

图 3-11　拉线的种类

(a)普通拉线;(b)转角拉线;(c)人字拉线;

(d)高桩拉线;(e)自身拉线

二、架空电力线路工程图常用图形符号

在架空电力线路工程图中,需要用相应的图形符号,将架空线路中使用的电杆、导线、拉线等表示出来。架空电力线路工程图常用图形符号见表 3-8。在架空电力线路工程平面图中,有时还会有发电、变电设备的平面图形符号,见表 3-9。高压电力输电线路均为三条导线,但在低压配电线路中,导线的根数各不相同,导线根数的表示方法见表 3-10。

表 3-8　　　　　　　　　架空电力线路工程图常用图形符号

图形符号	说　　明	图形符号	说　　明
─○─	架空线路	○─○	单接腿杆(单接杆)
○ $\begin{matrix}A-B\\C\end{matrix}$	电杆的一般符号 (单杆,中间杆)[①]	○─○─○	双接腿杆(双接杆)

续表

图形符号	说　明	图形符号	说　明
◯H	H 形杆	形式1	有 V 形拉线的电杆
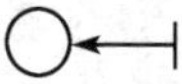 ◯←▪	带撑杆的电杆	形式2	
 ◯↔	带撑拉杆的电杆		
◯●	引上杆（小黑点表示电缆）	形式1	有高桩拉线的电杆
◉	电杆保护用围桩（河中打桩杆）	形式2	
形式1 ◯→▪ 形式2 ◯▪	拉线一般符号（示出单向拉线）	$a\frac{b}{c}Ad$ 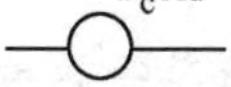	带照明灯的电杆的一般画法②

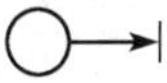

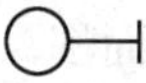

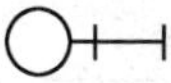

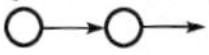

① A—杆材或所属部门，B—杆长，C—杆号。

② a—编号，b—杆型，c—杆高，d—容量，A—连接相序。

表 3-9　　　　　　　　　发电、变电设备平面图符号

序　号	图形符号		说　明
	规划（设计）的	运行的	
1	◯ V/V	 ◯ V/V	变电所（示出改变电压）
2	 ◯	 ◯	杆上变电站
3	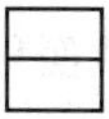 ▭	 ▭	火力发电站（煤、油、气等）

表 3-10　　　　　　　　　　导线根数的表示方法

名称(说明)	图形符号
一般符号	 ——
示例:三根导线	 —／／／—
三根导线	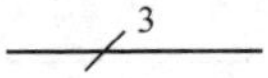 —／³
中性线	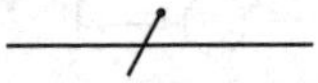 —／
保护线	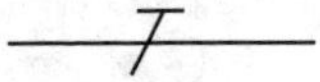 —／—
共用保护线和中线性	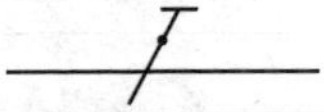 —／
具有保护线和中性线的三相配线	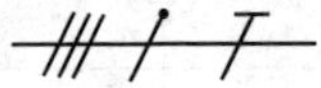 —／／／／／—

三、架空电力线路工程平面图

1. 高压架空电力线路工程平面图

如图 3-12 所示是一条 10kV 高压电力架空线路工程平面图。由于 10kV 高压线都是三条导线,所以图中只画单线,不需表示导线根数。

图中 38、39、40 号为原有线路电杆,从 39 号杆分支出一条新线路,自 1 号杆到 7 号杆,7 号杆处装有一台变压器 T。数字 90、85、93 等是电杆间距,高压架空线路的杆距一般为 100m 左右。新线路上 2、3 杆之间有一条电力线路,4、5 杆之间有一条公路和路边的电话线路,跨越公路的两根电杆为跨越杆,杆上加双向拉线加固。5 号杆上安装的是高桩拉线。在分支杆 39 号杆、转角杆 3 号杆和终端杆 7 号杆上均装有普通拉线,其中转角杆 3 号杆在两边线路延长线方向装了一组拉线和一组撑杆。

2. 低压架空电力线路工程平面图

某建筑工地施工用电 380V 低压电力架空线路工程平面图,如图 3-13 所示。它是在总平面图上绘制的。低压电力线路为配电线路,要把电能输送到各个不同用电场所,各段线路的导线根数和截面积均不相同,需在图上标注清楚。

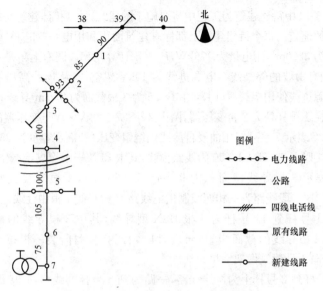

图 3-12　10kV 高压电力架空线路工程平面图

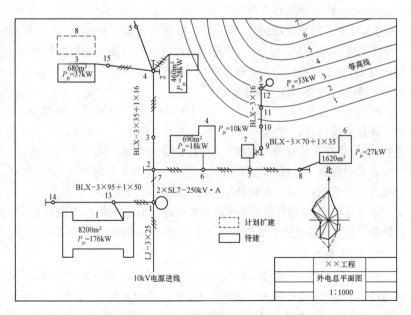

图 3-13　380V 低压电力架空线路工程平面图

图 3-13 中待建建筑为工程中将要施工的建筑,计划扩建建筑是准备将来建设的建筑。每个待建建筑上都标有建筑面积和用电量,如 1 号建筑建筑面积为 8200m²,用电量为 176kW,P_{js} 表示计算功率。图右上角是一个小山坡,画有山坡的等高线。电源进线为 10kV 架空线,从场外高压线路引来。电源进线使用铝绞线(LJ),LJ-3×25 为 3 根截面为 25mm² 导线,接至 1 号杆。在 1 号杆处为 2 台变压器,图中 2×SL7-250kV·A 是变压器的型号标注,SL7 表示 7 系列三相油浸自冷式铝绕组变压器,额定容量为 250kV·A。图中 BLX-3×95+1×50 为线路标注,其中 BLX 表示橡皮绝缘铝导线,3×95 表示 3 根导线截面积为 95mm²,1×50 表示 1 根导线截面积为 50mm²。这一段线路为三相四线制供电线路,3 根相线 1 根中性线。

从 1 号杆到 14 号杆为 4 根 BLX 型导线,其中 3 根导线的截面为 95mm²,1 根导线的截面为 50mm²。14 号杆为终端杆,装一根拉线。从 13 号杆向 1 号建筑做架空接户线。

1 号杆到 2 号杆上为两层线路,一路为到 5 号杆的线路,4 根 BLX 型导线(BLX-3×35+1×16),其中 3 根导线截面为 35mm²、1 根导线截面为 16mm²;另一路为横向到 8 号杆的线路,4 根 BLX 型导线(BLX-3×70+1×35),其中 3 根导线截面为 70mm²、1 根导线截面为 35mm²。1 号杆到 2 号杆间线路标注为 7 根导线,这是因为在这一段线路上两层线路共用 1 根中性线,在 2 号杆处分为 2 根中性线。2 号杆为分杆,要加装 1 组拉线,5 号杆、8 号杆为终端杆也要加装拉线。

线路在 4 号杆分为三路:第一路到 5 号杆;第二路到 2 号建筑物,要做 1 条接户线;最后一路经 15 号杆接入 3 号建筑物。为加强 4 号杆的稳定性,在 4 号杆上装有两组拉线。5 号杆为线路终端,同样安装了拉线。

在 2 号杆到 8 号杆的线路上,从 6 号杆处接入 4 号建筑物,从 7 号杆处接入 7 号建筑物,从 8 号杆处接入 6 号建筑物。

从 9 号杆到 12 号杆是给 5 号设备供电的专用动力线路,电源取自 7 号建筑物。动力线路使用 3 根截面为 16mm² 的 BLX 型导线(BLX-3×16)。

3. 线路断面图

对于 35kV 以上的线路,尤其是穿越高山江河地段的架空线路,一张平面图还不够,还应有纵向断面图。35kV 以下的线路,为了使图面更加紧凑,常常将平面图与纵向断面图合为一体。这时的平面图是沿线路中心线的展开平面图。平面图和断面图结合起来称为平断面图,如图 3-14 所示。该图的上面部分为断面图,中间部分为平面图,下面一部分是线路的有关数据,标注里程、档距等有关数据,是对平面图和断面图的补充与说明。

架空线路的纵向断面图是沿线路中心线的剖面图。通过纵向断面图可以看出线路经过地段的地形断面情况,各杆位之间地坪面相对高差,导线对地距离,弛度及交叉跨越的立面情况。

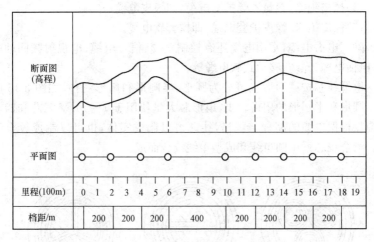

图 3-14　高压架空线路的平断面图

第二节　电缆线路工程图识读

电力电缆线路的优点是运行可靠,不受外界自然条件的影响,不需架设电杆,节约用地。特别适用于在有腐蚀性气体的场所或易燃易爆场所、人口稠密地区及不宜架设架空线路的场所。目前,电力电缆线路多用于在对于环境要求较高的城市供电线路,在现代建筑设施中得到了广泛应用。单电缆线路有造价高(是架空线路的 5~6 倍),施工工期长,敷设后不易更改,不易增加分支线路,不易发现故障,检修技术复杂等缺点。

一、电力电缆

1. 电力电缆的种类

按绝缘材料的不同,常用电力电缆有以下几类:

(1)油浸纸绝缘电缆;

(2)聚氯乙烯绝缘、聚氯乙烯护套电缆,即全塑电缆;

(3)交联聚乙烯绝缘、聚氯乙烯护套电缆;

(4)橡皮绝缘、聚氯乙烯护套电缆,即橡皮电缆;

(5)橡皮绝缘、橡皮护套电缆,即橡套软电缆。

除了电力电缆,常用电缆还有控制电缆、信号电缆、电视射频同轴电缆、电话电缆、光缆、移动式软电缆等。

电缆线芯按截面形状可分为圆形、半圆形和扇形三种,如图 3-15 所示。圆形和半圆形的用得较少,扇形芯大量使用于 1～10kV 三芯和四芯电缆。根据电缆的品种与规格,线芯可以制成实体,也可以制成绞合线芯。绞合线芯系由圆单线和成型单线绞合而成。

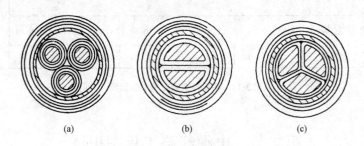

　　　　(a)　　　　　　　　　(b)　　　　　　　　　(c)

图 3-15　电缆线芯截面形状

(a)圆形;(b)半圆形;(c)扇形

2. 电力电缆的基本结构

电力电缆主要由线芯导体、相绝缘、带绝缘、铠装、护套等几部分组成,其外形结构如图 3-16 所示。

现以聚氯乙烯绝缘电力电缆为例介绍电力电缆的截面结构。如图3-17～图 3-24 所示为 1kV 聚氯乙烯绝缘电力电缆结构图。

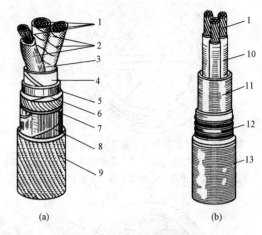

图 3-16 电力电缆的结构

(a)油浸纸绝缘电力电缆;(b)交联聚乙烯塑料绝缘电力电缆

1—铝芯(或钢芯);2—油浸纸绝缘层;3—麻筋(填充物);

4—油浸纸(绕包绝缘);5—铝包(或铅包);

6—纸带(内护层);7—麻包(内护层);

8—钢铠(外护层);9—麻包(外护层);

10—交联聚乙烯绝缘层;11—聚氯乙烯绝缘护套(内护层);

12—钢铠(或铝铠);13—聚氯乙烯外护套(外护层)

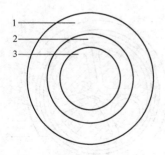

图 3-17 1kV 单芯聚氯乙烯绝缘电力电缆结构图

1—聚氯乙烯护套;2—聚氯乙烯绝缘层;3—导体

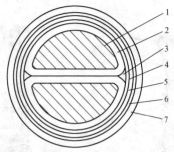

图 3-18　1kV 二芯聚氯乙烯绝缘电力电缆结构图

1—导体;2—聚氯乙烯绝缘层;3—填充物;4—聚氯乙烯包带;
5—聚氯乙烯内护套;6—钢带铠装;7—聚氯乙烯外护套

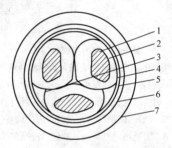

图 3-19　1kV 三芯聚氯乙烯绝缘电力电缆结构图

1—导体;2—聚氯乙烯绝缘层;3—填充物;4—聚氯乙烯包带;
5—聚氯乙烯内护套;6—钢带铠装;7—聚氯乙烯外护套

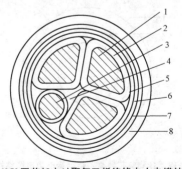

图 3-20　1kV 四芯(3+1)聚氯乙烯绝缘电力电缆结构图(一)

1—导体;2—聚氯乙烯绝缘层;3—中性导体;4—填充物;5—聚氯乙烯包带;
6—聚氯乙烯内护套;7—钢带铠装;8—聚氯乙烯外护套

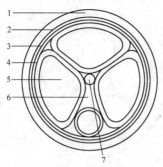

图 3-21　1kV 四芯(3＋1)聚氯乙烯绝缘电力电缆结构图(二)

1—聚氯乙烯外护套；2—钢带铠装；3—聚氯乙烯内护套；

4—聚氯乙烯绝缘层；5—导体；6—填充物；7—填芯

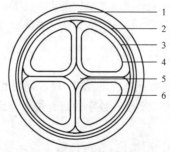

图 3-22　1kV 四芯(等截面)聚氯乙烯绝缘电力电缆结构图

1—聚氯乙烯外护套；2—钢带铠装；3—聚氯乙烯内护套；

4—聚氯乙烯绝缘层；5—填充物；6—导体

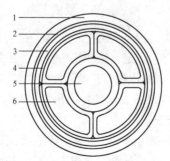

图 3-23　1kV 五芯(4＋1)聚氯乙烯绝缘电力电缆结构图

1—聚氯乙烯外护套；2—钢带铠装；3—聚氯乙烯内护套；

4—聚氯乙烯绝缘层；5—中性导体(N 线)；6—导体

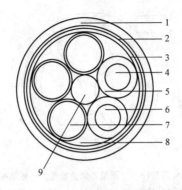

图 3-24　1kV 五芯(3+2)聚氯乙烯绝缘电力电缆结构图
1—聚氯乙烯外护套；2—钢带铠装；3—聚氯乙烯内护套；
4—中性导体(N线)；5—聚氯乙烯绝缘层；6—保护导体(地线)；
7—导体；8—填充物；9—填芯

3. 电力电缆的型号

电力电缆的型号说明了电缆的结构特征，同时也表明电缆的使用场合。一般用汉语拼音大写字母和数字的组合构成电缆型号用以表示不同的电缆产品。

(1)用数字表示外护层构成，有两位数字。无数字代表无铠装层，无外被层。第一位数表示铠装，第二位数表示外被，例如，粗钢丝铠装纤维外被表示为 41。

(2)电缆型号按电缆结构的排列一般依下列次序：

| 绝缘材料 | 导体材料 | 内护层 | 外护层 |

(3)电缆产品用型号、额定电压和规格表示。其方法是在型号后再加上说明额定电压、芯数和标称截面积的阿拉伯数字。例如：

1)×××-10/3×240 表示额定电压为 10kV、三芯、每芯标称截面积为 240mm^2 的电力电缆。

2)VV42-10/3×50 表示铜芯、聚氯乙烯绝缘、粗钢丝铠装、聚氯乙烯护套、额定电压 10kV、三芯、标称截面积为 50mm^2 的电力电缆。

3)YJV32-1/3×150 表示铜芯、交联聚乙烯绝缘、细钢丝铠装、聚氯乙烯护套、额定电压 1kV、三芯、标称截面积为 150mm^2 的电力电缆。

4)ZLQ02-10/3×70 表示铝芯、纸绝缘、铅护套、无铠装、聚氯乙烯护套、额定电压 10kV、三芯、标称截面积为 70mm² 的电力电缆。

二、电力电缆的敷设

电力电缆的敷设方式很多,按常用的有直接埋地敷设、电缆沟敷设、电缆隧道敷设、排管敷设、室内外电缆支架明敷设和桥架线槽敷设等。电缆工程敷设方式的选择,应根据工程条件、环境特点和电缆类型、数量等因素,按满足运行可靠、便于维护的要求和技术经济合理的原则来选择。

1. 电缆直接埋地敷设

电缆直接埋地敷设是指将电力电缆或控制电缆直接埋设于地下的土层中,并在电缆周围采取措施对电缆给予保护。当沿同一路径敷设的室外电缆根数为 8 根及以下,且场地有条件时,电缆宜采用直接埋地敷设。但采用直埋敷设时应避开含有酸、碱强腐蚀或杂散电流化学腐蚀严重影响地段。电缆直接埋地敷设的做法,如图 3-25 所示。

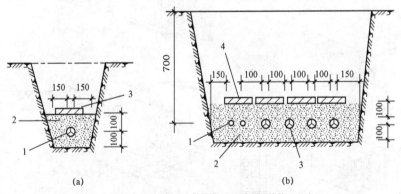

(a)　　　　　　　　　　　　(b)

图 3-25　电缆直接埋地敷设做法示意图(单位:mm)

(a)单根电缆

1—电缆;2—细砂;3—盖板

(b)多根电缆

1—控制电缆;2—细土或砂层;3—10kV 及以下电力电缆;4—盖板

电力电缆埋入深度一般为电缆外皮至地面不小于 0.7m,农田中不小于 1m,电缆外皮至地下构筑物的基础不小于 0.3m。直埋敷设于冻土地区时,宜埋入冻土层以下,当无法深埋时可在土壤排水性好的干燥冻土层或回填土中埋设,也可采取其他防止电缆受到损伤的措施。直埋敷设的电缆,严禁位于地下管的正上方或下方。

2. 电缆排管敷设

直埋电缆敷设适用于允许重复开挖地面的场所,如果地面不允许重复开挖,为了避免在检修电缆时开挖地面,可以把电缆敷设在地下的排管中。用来敷设电缆的排管是用预制好的混凝土管块拼接起来的,也可以用多根硬塑料管排列而成。电缆排管敷设示意图如图 3-26 所示。这种敷设方式适用于电缆数量不多,但道路交叉较多、路径拥挤,且不宜采用直埋或电缆沟敷设的地段。电缆排管可采用钢管、硬度聚氯乙烯管、石棉水泥管和混凝土管等。

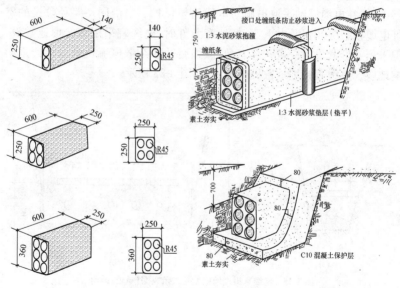

图 3-26　电缆排管敷设示意图

3. 电缆在电缆沟或隧道敷设

当平行敷设电缆根数较多时,可采用在电缆沟或隧道敷设的方式,这种方式一般用于工厂厂区内。电力电缆在电缆沟或电缆隧道内敷设,电缆沟设在地面下,由砖砌成或由混凝土浇筑而成,沟顶部用钢筋混凝土盖板盖住。电缆隧道和电缆沟内应装有电缆支架,电缆支架有单侧和双侧两种布置方式，如图 3-27 所示。支架层间垂直距离和通道宽度应符合表 3-11 的规定，支架间或固定点间的距离应符合表 3-12 的要求。

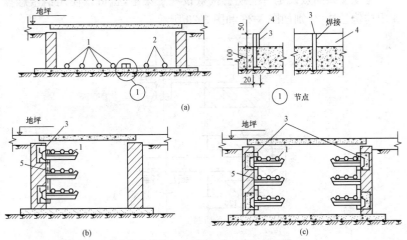

图 3-27　电缆在电缆沟(隧道)内敷设示意图
(a)无支架；(b)单侧支架；(c)双侧支架
1—电力电缆；2—控制电缆；3—接地线；4—接地线支持件；5—支架

表 3-11　　　　　　　支架层间垂直距离和通道宽度的最小距离　　　　　　　　　m

名称	敷设条件	电缆隧道(净高 1.90)	电缆沟	
			沟深 0.60 以下	沟深 0.60 及以上
通道宽度	两侧设支架	1.00	0.30	0.50
	一侧设支架	0.90	0.30	0.45
支架层间垂直距离	电力电缆	0.20	0.15	0.15
	控制电缆	0.12	0.10	0.10

表 3-12　　　　　　　电缆支架间或固定点间的最大距离　　　　　　　　　　m

敷设方式	电缆种类 塑料护套、铝包、铅包、铅包钢带铠装		钢丝铠装
	电力电缆	控制电缆	
水平敷设	1.00	0.80	3.00
垂直敷设	1.50	1.00	6.00

4. 电缆支架明敷设

电缆支架明敷设是将电缆直接敷设在支架上，也可以使用钢索悬挂或用挂钩悬挂，分别如图 3-28 和图 3-29 所示。

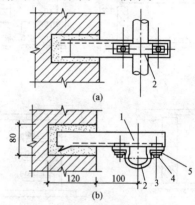

图 3-28　电缆在角钢支架上敷设示意图

（a）垂直敷设；（b）水平敷设

1—角钢支架；2—夹头（卡子）；

3—六角螺栓；4—六角螺母；5—垫圈

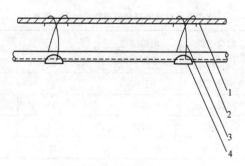

图 3-29　电缆在钢索上悬挂敷设示意图

1—钢索；2—电缆；3—钢索挂钩；4—铁托片

5. 电缆桥架敷设

电缆桥架敷设是指将电缆直接敷设在电缆专用桥架上。用电缆桥架敷设电力电缆、控制电缆及弱电电缆，是近年兴起的电缆敷设方法，在室内敷设电缆的设计中被广泛采用。

　　电缆桥架的类型，见表 3-13。电缆桥架的安装方式如图 3-30 所示，托盘式桥架空间布置形式如图 3-31 所示。

表 3-13　　　　　　　　　　　　　　电缆桥架的类型

序号	类　　型	图　　示
1	梯阶式	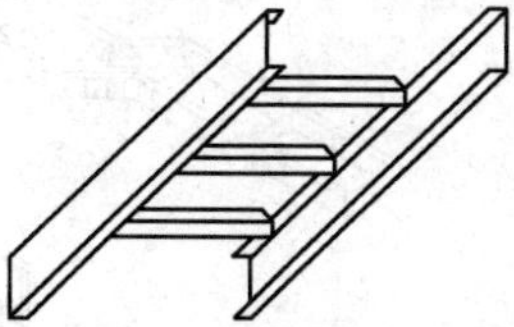
2	盘　式	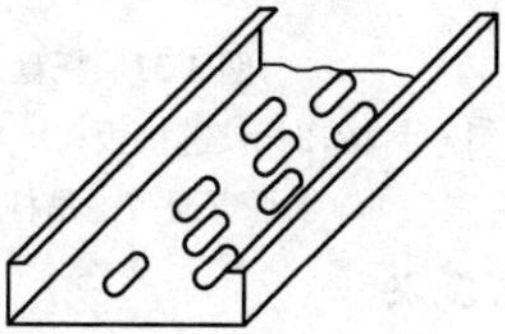
3	槽　式	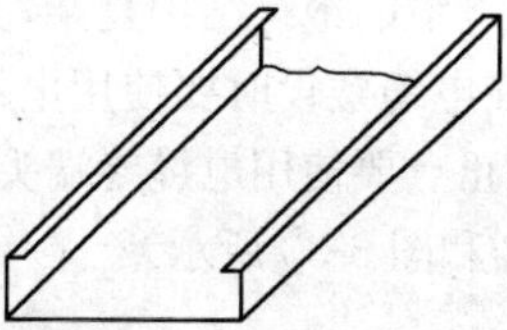

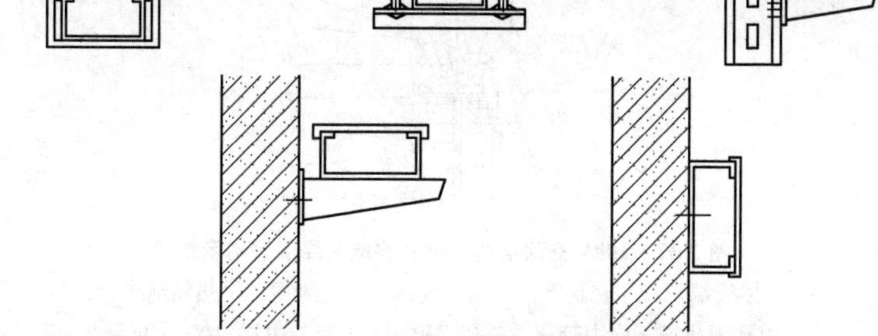

图 3-30　电缆桥架安装方式

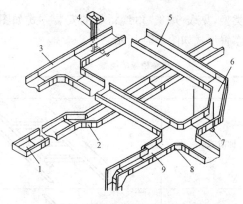

图 3-31 托盘式电缆桥架空间布置形式

1—封堵；2—铰链接板；3—水平三通；4—托臂组合；5—直通桥架；
6—水平弯通；7—吊杆组合；8—水平四通；9—变宽直通

6. 电缆头

由于电缆的绝缘结构复杂，为了保证电缆连接后的整体绝缘性及机械强度，在电缆敷设时要使用电缆头，在电缆连接时要使用电缆中间头，在电缆起止点要使用电缆终端头，电缆干线与直线连接时要使用分支头，如图 3-32 和图 3-33 所示。

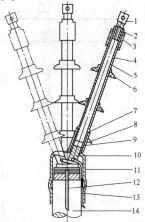

图 3-32 10kV 交联电缆热缩式终端头局部解剖示意图

1—接线端子；2—密封管；3—填充胶；4—主绝缘层；5—热缩绝缘管；
6—单孔雨裙；7—应力管；8—三孔雨裙；9—外半导电层；10—铜屏蔽带；
11—分支套；12—铠装地线；13—铜屏蔽地线；14—外护层

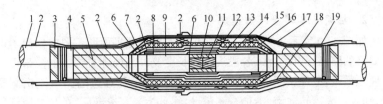

图 3-33 10kV 交联电缆热缩式中间接头解剖示意图

1—外护层；2—绝缘带；3—铠装；4—内衬层；5—铜屏蔽带；6—半导电带；7—外半导电层；
8—应力带；9—主绝缘层；10—线芯导体；11—连接管；12—内半导电管；13—内绝缘管；
14—外绝缘管；15—外半导电管；16—铜网；17—铜屏蔽地线；18—铠装地线；19—外护套管

三、电力电缆线路工程平面图

电力电缆线路工程图是表示电缆敷设、安装、连接的具体方法及工艺要求的简图，一般用平面布置图表示，图中的图形符号和文字符号应采用国家统一标准。

1. 电缆线路工程图常用图形符号

电缆线路工程图常用图形符号，见表 3-14。

表 3-14　　　　　　　　　电缆线路工程图常用图形符号

图形符号	说　　明	图形符号	说　　明
○	管道线路，管孔数量，截面尺寸或其他特征（如管道的排列形式）可标注在管道线路的上方　示例：6 孔管道的线路	– – – – – –	电缆铺砖保护
			电缆穿管保护，可加注文字符号表示其规格数量
	电缆预留		电力电缆与其他设施交叉点
	电缆中间接线盒	(a)　(b)	a——交叉点编号 (a)——电缆无保护 (b)——电缆有保护
	电缆分支接线盒		电缆密封终端头（示例为带一根三芯电缆）
	人孔一般符号，需要时可按实际形状绘制		电缆桥架 ＊ 为注明回路号及电缆截面芯数
	手孔的一般符号		

2. 电缆线路工程图识读实例

如图 3-34 所示为某 10kV 电力电缆线路工程平面图。图中标出了电缆线路的路径、敷设方法、各段线路的长度及局部处理方法。电缆采用直接埋地敷设,电缆从图 3-34 右上角的 1 号电杆下,穿过道路沿路南侧敷设,到××大街转向南,沿街东侧敷设,终点为××造纸厂,在××造纸厂处穿过大街,按要求在穿过道路的位置要穿混凝土管保护。

如图 3-34 右下角所示为电缆敷设方法断面图。A—A 剖面是整条电缆埋地敷设的情况,采用铺砂子盖保护板的敷设方法,剖切位置在图中 1 号位置右侧。B—B 剖面是电缆穿过道路时加保护管的情况,剖切位置在 1 号杆下方路面上。这里电缆横穿道路时使用的是 φ120 的混凝土保护管,每段管长 6m,在图 3-34 右上角电缆起点处和左下角电缆终点处各有一根保护管。电缆全长 136.9m,其中包含了在电缆两端和电缆中间接头处必须预留的松弛长度。

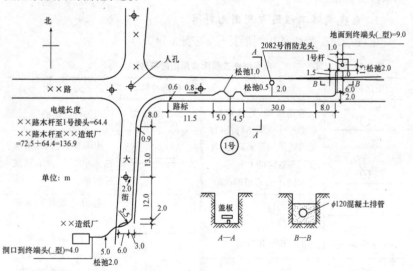

图 3-34 某 10kV 电力电缆线路工程平面图

图 3-34 中标有 1 号的位置为电缆中间接头位置,1 号点向右直线长度 4.5m 内做了一段弧线,这里要有松弛量 0.5m,这个松弛量是为了将此处电缆头损坏修复时所需要的长度。向右直线段 30＋8＝38(m);转向

穿过公路,路宽 $2+6=8(m)$,电杆距路边 $1.5+1.5=3(m)$,这里有两段松弛量共 2m(两段弧线)。电缆终端头距地面为 9m。电缆敷设时距路边 0.6m,这段电缆总长度为 65.6m。

从 1 号位置向左 5m 内做一段弧线,松弛量为 1m。再向左经 11.5m 直线段进入转弯向下,弯长 8m。向下直线段 $13+12+2=27(m)$ 后,穿过大街,街宽 9m。造纸厂距路边 5m,留有 2m 松弛量,进厂后到终端头长度为 4m。这一段电缆总长为 72.5m,电缆敷设距路边的 0.9m 与穿过道路的斜向增加长度相抵不再计算。

第四章 建筑动力及照明工程图识读

动力及照明工程主要是指建筑内配电线路、各种照明装置及其控制装置和插座等安装工程。阅读建筑电气工程施工图是一个循序渐进、理论联系实际的过程,因此,必须掌握动力与照明工程的基本知识。

第一节 动力及照明工程图识读基本知识

一、照明方式和种类

1. 照明方式

照明方式一般分为一般照明和局部照明。

(1)一般照明。为使整个照明场所获得均匀明亮的水平照度,灯具在整个照明场所基本上均匀布置的照明方式为一般照明。有时也可根据工作面布置的实际情况及其对照度的不同要求,将灯具集中或分区集中均匀地布置在工作区上方,使不同被照面上产生不同的照度。也有人称这种照明方式为分区一般照明。

(2)局部照明。为了满足照明范围内某些部位的特殊需要而设置的照明为局部照明。它仅限于照亮一个有限的工作区,通常采用从最适宜的方向装设台灯、射灯或反射型灯泡。其优点是灵活、方便、节电,能有效地突出重点。

以上两种方式往往在同一场所同时存在,这种由一般照明和局部照明共同组成的照明,人们习惯称为混合照明。

2. 照明种类

照明种类多以其主要作用划分,在建筑电气工程中,常用电气照明的种类,见表4-1。

表 4-1　　　　　　　　　　常用电气照明的种类

序号	类别	说　明
1	正常照明	在正常情况下,使用的室内外照明称为正常照明。所有正在使用的房间及供工作、生活、运输、集会等公共场所均应设置正常照明。常用的工作照明均属于正常照明。正常照明一般单独使用,也可与应急照明、值班照明同时使用,但控制线路必须分开
2	事故照明	事故照明是指在正常照明因故障熄灭后,供事故情况下暂时继续工作或疏散人员的照明。在由于工作中断或误操作容易引起爆炸、火灾和人身事故或将造成严重政治后果和经济损失的场所,应设置事故照明。事故照明宜布置在可能引起事故的工作场所以及主要通道和出入口。 　　暂时继续工作用的事故照明,其工作面上的照度不低于一般照明照度的 10%;疏散人员用的事故照明,主要通道上的照度不应低于 0.5lx
3	值班照明	在工作和非工作时间内供值班人员用的照明。值班照明可利用正常照明中能单独控制的一部分或全部,也可利用应急照明的一部分或全部作为值班照明使用
4	警卫照明	警卫照明是指用于警卫地区周围的照明。可根据警戒任务的需要,在厂区或仓库区等警卫范围内装设
5	障碍照明	障碍照明是指装设在飞机场四周的高建筑上或有船舶航行的河流两岸建筑上表示障碍标志用的照明。可按民航和交通部门的有关规定装设

二、常用电源

1. 电光源的分类

根据光的产生原理,电光源主要分为热辐射式电光源和气体放电光源两大类。

(1)热辐射式电光源。热辐射式电光源是以热辐射作为光辐射原理的光源,包括白炽灯和卤钨灯,它们都是用钨丝为辐射体,通电后使之达到白炽温度,产生热辐射。这种光源统称为热辐射光源,目前仍是重要的照明光源,生产数量极大。

（2）气体放电光源。气体放电光源主要以原子辐射形式产生光辐射。根据这些光源中气体的压力，可分为低压气体放电光源和高压气体放电光源。常用低压气体放电光源有荧光灯和低压钠灯；常用高压气体放电光源有高压汞灯、金属卤化物灯、高压钠灯、氙灯等。

2. 常用电光源

（1）白炽灯。白炽灯是第一代电光源的代表作。它主要由灯丝、灯头和玻璃灯泡等组成，如图 4-1 所示。灯丝是由高熔点的钨丝绕制而成，并被封入抽成真空状的玻璃泡内。为了提高灯泡的使用寿命，一般在玻璃泡内再充入惰性气体氩或氮。应用在照度和光色要求不高，频繁开关的室内外照明。除普通灯泡外，还有低压灯泡 6～36V，用作局部安全照明和携带式照明。

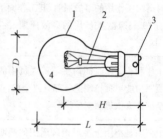

图 4-1　白炽灯的构造
1—玻壳；2—玻璃支柱；3—灯头；4—灯丝

当电流通过白炽灯的灯丝时，由于电流的热效应，使灯丝达到白炽状（钨丝的温度可达到 2400～2500℃）而发光。它的优点是构造简单，价格低，安装方便，便于控制和启动迅速，所以直到现在仍被广泛应用。但因白炽灯吸收的电能只有不到 20% 被转换成了光能，其余的均被转换为红外线辐射能和热能浪费了，所以它的发光效率较低。

在安装使用时应注意：电压波动会造成其寿命降低或光能量降低；因白炽灯表面温度较高，故严禁在易燃物中安装。

（2）荧光灯。荧光灯又称日光灯，是第二代电光源的代表作。它主要由荧光灯管、镇流器和启辉器等组成，如图 4-2 所示。其安装接线工作如图 4-3 所示。

一般荧光灯有多种颜色：日光色、白色、冷白色和暖白色以及各种彩色。灯管外形有直管形、U形、圆形、平板形等多种,常用的是 YZ 系列日光色荧光灯,即日光灯。

荧光灯优点很多,如:光色好,特别是日光灯接近天然光;发光效率高,约比白炽灯高 2~3 倍;在不频繁启燃工作状态下,其寿命较长,可达3000h 以上。因此,荧光灯的应用非常广泛。但荧光灯带有镇流器,其对环境的适应性较差,如温度过高或过低会造成启辉困难;电压偏低,会造成荧光灯启燃困难甚至不能启燃;同时,普通荧光灯启燃需一定的时间,因此,不适用于要求照明不间断的场所。

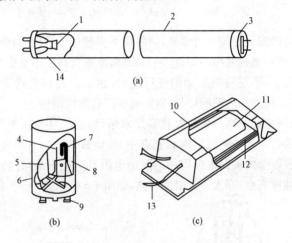

图 4-2　荧光灯

(a)荧光灯管;(b)启辉器;(c)镇流器

1—阴极;2—玻璃管;3—灯头;4—静触头;5—电容器;6—外壳;7—双金属片;
8—玻璃壳内充惰性气体;9—电极;10—外壳;11—线圈;12—铁芯;13—引线;14—水银

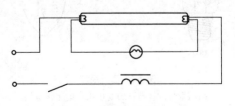

图 4-3　荧光灯的工作电路图

（3）卤钨灯。卤钨灯是卤钨循环白灯泡的简称,是一种较新型的热辐射光源。它是由具有钨丝的石英灯管内充入微量的卤化物(碘化物或溴化物)和电极组成,如图 4-4 所示。其发光效率高、光色好,适合大面积、高空间场所照明。

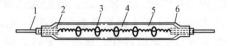

图 4-4　卤钨灯

1—电极;2—封套;3—支架;4—灯丝;5—石英管;6—碘蒸气

卤钨灯的安装必须保持水平,倾斜角不得超过±4°,否则会缩短灯管寿命;灯架距可燃物的净距不得小于 1m,离地垂直高度不宜少于 6m。它的耐振性较差,不易在有振动的场所使用,也不宜做移动式照明电器使用;卤钨灯需配专用的照明灯具,室外安装应有防雨措施。

（4）高压汞灯。高压汞灯又称高压水银灯,是一种较新型的电光源,它主要由涂有荧光粉的玻璃泡和装有主、辅电极的放电管组成。玻璃泡内装有与放电管内辅助电极串联的附加电阻及电极引线,并将玻璃泡与放电管间抽成真空,充入少量惰性气体,如图 4-5 所示。

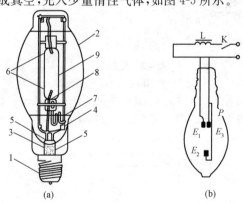

图 4-5　高压汞灯

(a)高压汞灯的构造;(b)高压汞灯的工作电路图

1—灯头;2—玻璃壳;3—抽气管;4—支架;5—导线;

6—主电极 E_1、E_2;7—启动电阻;8—辅助电极 E_3;9—石英放电管

高压汞灯分为普通高压汞灯和自镇流式高压汞灯两类。自镇流式高压汞灯的结构与普通汞灯基本一致,只是在石英管的外面绕了一根钨丝,与放电管串联,起到镇流器的作用。自镇流式高压汞灯具有发光效率高、寿命长、省电、耐振的优点,且对安装无特殊要求,所以被广泛用于施工现场、广场、车站等大面积场所的照明。缺点是启动到正常点亮的时间较长,约需几分钟。而且,高压汞灯对电源电压的波动要求较高,如果突然降低5%以上时,可能造成高压汞灯的自行熄灭,且再启动点亮也需5～10s的时间。

(5)高压钠灯。与高压汞灯相似,在放电发光管内除充有适量的汞和惰性气体(氩或氙)以外,并加入足够的钠,由于钠的激发电位比汞低得多,故放电管内以钠的放电放光为主。提高钠蒸气的压力即为高压钠灯。

高压钠灯具有光效高、紫外线辐射小、透雾性能好、可以任意位置点燃、抗振性能好等优点。缺点是发光强度受电源电压波动影响较大,约为电压变化率的2倍。如果电压降低5%以上时,可能造成高压钠灯的自行熄灭,电源电压恢复后,再启动时间较长,约为10～15s。

(6)金属卤化物灯。金属卤化物灯是近年发展起来的新型光源。与高压汞灯类似,在放电管内除充有汞和惰性气体外,并加入发光的金属卤化物(以碘化物为主)。当放电管工作而产生弧光放电时,金属卤化物被气化并向电弧中心扩散,在电弧中心处,卤化物被分离成金属和卤素原子。由于金属原子被激发,极大地提高了发光效率。因此,与高压汞灯相比,金属卤化物灯的发光效率更高,而且紫外辐射弱,但其寿命较高压汞灯短。

目前,生产的金属卤化物灯,多为镝灯和钠铊铟灯。使用中应配用专用镇流器或采用触发器启动点燃灯管。

(7)氙灯。氙灯灯管内充有高压的惰性气体,为惰性气体放电弧灯,其光色接近太阳光,具有耐低温、耐高温、抗振性能好、能瞬时启动、功率大等特点。启动方式为触发器启动,缺点是光效没有其他气体放电灯高、寿命短、价格高,在启动时有较多的紫外线辐射,人不能长时靠近。

(8)H形节能荧光灯。H形节能荧光灯结构如图4-6所示。它具有光色柔和、显色性好、体积小、造型别致等特点。发光效率比普通荧光灯提高30%左右,是白炽灯的5～7倍。

　　H形灯与电感式镇流器配套使用时,将启辉器装在灯头塑料外壳内并与灯丝连接好,另两根灯丝引线由灯脚引出。电感式镇流器装在一塑料外壳内,外壳一端是灯插接孔,另一端做成螺丝灯头与电源相接。使用时灯插在插接孔内,再将整个灯装在螺丝灯座上即可。H形灯的接线与普通型日光灯完全相同。

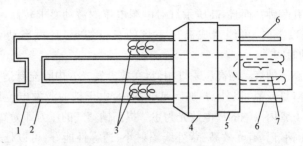

图 4-6　H形灯结构

1—玻璃管;2—三基色荧光粉;3—三螺旋状阴极;
4—铝壳;5—塑料壳;6—灯脚;7—启辉器

三、照明基本路线

1. 照明供电线路

　　照明供电线路一般有单相制(220V)和三相四线制(380V/220V)两种。

　　(1)220V单相制。一般小容量(负荷电流为15～20A)照明负荷,可采用220V单相二线制交流电源,如图4-7所示。它由外线路上一根相线和一根中性线组成。

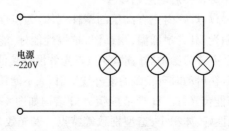

电源
~220V

图 4-7　220V 单相制

(2)380V/220V 三相四线制。大容量(负荷电流在 30A 以上)照明负荷,一般采用 380V/220V 三相四线制中性点直接接地的交流电源。这种供电方式先将各种单相负荷平均分配,再分别接在每一根相线和中性线之间,如图 4-8 所示。当三相负荷平衡时,中性线上没有电流,所以在设计电路时应尽可能使各相负荷平衡。

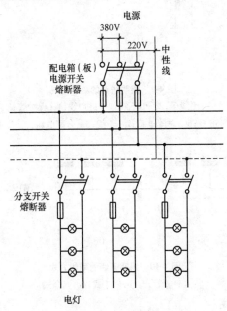

图 4-8 380V/220V 三相四线制

2. 照明线路基本组成

照明线路的基本组成如图 4-9 所示。图中由室外架空线路电杆上到建筑物外墙支架上的线路称为引下线(即接户线);从外墙到总配电箱的线路称为进户线;由总配电箱至分配电箱的线路称为干线;由分配电箱至照明灯具的线路称为支线。

3. 干线配线方式

由总配电箱到分配电箱的干线有放射式、树干式和混合式三种供电方式,如图 4-10 所示。

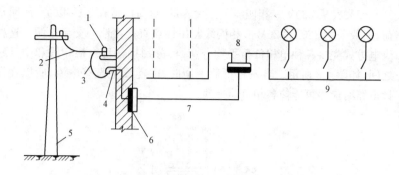

图 4-9　照明线路的基本组成

1—绝缘子；2—引下线；3—进户线；4—保护管；

5—电杆；6—总配电箱；7—干线；8—分配电箱；9—支线

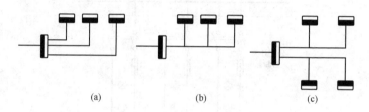

　　　　(a)　　　　　　　　　(b)　　　　　　　　　(c)

图 4-10　照明干线的配线方式

(a)放射式；(b)树干式；(c)混合式

4. 照明支线

　　照明支线又称照明回路，是指分配电箱到用电设备这段线路，即将电能直接传递给用电设备的配电线路。

　　通常，单相支线长度为 20～30m，三相支线长度为 60～80m，每相电流不超过 15A，每一单相支线上所装设的灯具和插座不应超过 20 个。在照明线路中，插座的故障率最高，如果插座安装数量较多，则应专设支线对插座供电，以提高照明线路供电的可靠性。

　　室内照明支线线路较长，转弯和分支较多，因此，从敷设施工方便考虑，支线截面积不宜过大，一般应在 $1.0～4.0mm^2$ 以内，最大不应超过 $6.0mm^2$。如果单相支线电流大于 15A 或截面大于 $6.0mm^2$，则应采用三相支线或两条单相支线供电。

　　为限制交流电源的频闪效应（电光源随交流电的频率交变而发生的

明暗变化,称为交流电的频闪效应),三相支线上的灯具可实行按相序排列,如图4-11所示。并使三相负载接近平衡,以保证电压偏移的均衡。

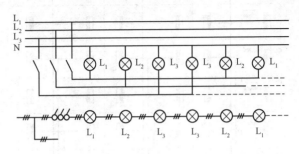

图4-11　相序排列灯具

一般照明供电配线形式如图4-12和图4-13所示。

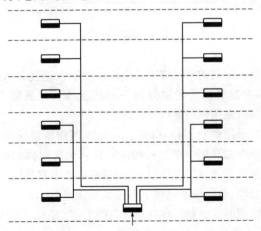

图4-12　多层建筑物照明配线

支线的布置应满足以下要求:

(1)首先将用电设备进行分组,即把灯具、插座等尽可能均匀地分成几组,有几组就有几条支线,即每一组为一供电支线;分组时应尽可能地使每相负荷平衡,一般最大相负荷与最小相负荷的电流差不宜超过30%。

(2)每一单相回路,其电流不宜超过16A;灯具采用单一支线供电时,灯具数量不宜超过25盏。

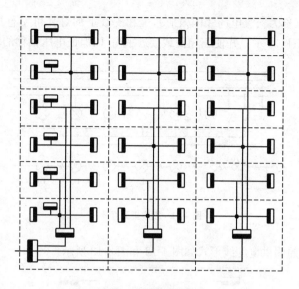

图 4-13　住宅照明配线

（3）作为组合灯具的单独支路其电流最大不宜超过 25A，光源数量不宜超过 60 个；而建筑物的轮廓灯每一单相支线其光源数不宜超过 100 个，且这些支线应采用铜芯绝缘导线。

（4）插座宜采用单独回路，单相独立插座回路所接插座不宜超过 10 组（每一组为一个二孔加一个三孔插座），且一个房间内的插座宜由同一回路配电；当灯具与插座共支线时，其中插座数量不宜超过 5 个（组）。

（5）备用照明、疏散照明回路上不宜设置插座。

（6）不应将照明支线敷设在高温灯具的上部，接入高温灯具的线路应采用耐热导线或者采用其他的隔热措施。

（7）回路中的中性线和接地保护线的截面应与相线截面相同。

四、照明配电系统

1. 常用照明配电系统

（1）住宅照明配电系统。如图 4-14 所示为典型的住宅照明配电系统。它以每一楼梯间作为一单元，进户线引至楼的总配电箱，再由干线引至每一单元的配电箱，各单元配电箱采用树干式（或放射式）向各层用户的分配电箱馈电。

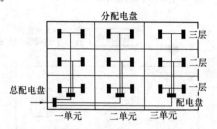

图 4-14 典型的住宅照明配电系统示意图

为了便于管理,住宅楼的总配电箱和单元配电箱一般装在楼梯公共过道的墙面上。分配电箱可装设电能表,以便用户单独计算电费。

(2)多层公共建筑的照明配电系统。如图 4-15 所示为多层公共建筑(如办公楼、教学楼等)的照明配电系统。其进户线直接进入大楼的传达室或配电间的总配电箱,由总配电箱采取干线立管式向各层分配电箱馈电,再经分配电箱引出支线向各房间的照明器和用电设备供电。

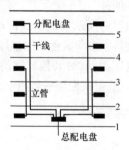

图 4-15 多层公共建筑的照明配电系统示意图

(3)智能建筑的直流配电系统。直流供电系统主要用于向智能建筑的电话交换机及其他需要直流电源的设备和系统供电,供电电压一般为48V、30V、24V 和 12V 等。智能建筑中常采用半分散供电方式,即将交流配电屏、高频开关电源、直流配电屏、蓄电池组及其监控系统组合在一起构成智能建筑的交直流一体化电源系统。也可用多个架装的开关电源和AC-DC 变换器组成的组合电源向负载供电。这种由多个一体化电源或组合电源分别向不同的智能化子系统供电的供电方式称为分散式直流供电系统。分散式直流供电系统如图 4-16 所示。

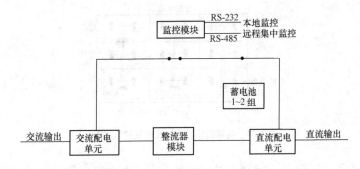

图 4-16　分散式直流供电系统示意图

2. 照明配电方式

所谓照明配电方式就是由低压配电屏或照明总配电盘以不同方式向各照明分配电盘进行配电。照明配电方式有多种,可根据实际情况选定。而基本的配电方式有以下四种。

(1)放射式。如图 4-17(a)所示为放射式配电系统,其优点是各负荷独立受电,线路发生故障时,不影响其他回路继续供电,故可靠性较高;回路中电动机启动引起的电压波动,对其他回路的影响较小。但建设费用较高,有色金属耗量较大。放射式配电一般用于重要的负荷。

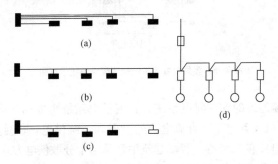

图 4-17　基本的配电方式
(a)放射式;(b)树干式;(c)混合式;(d)链式

(2)树干式。如图 4-17(b)所示为树干式配电系统。与放射式相比,其优点是建设费用低,但干线出现故障时影响范围大,可靠性差。

(3)混合式。如图 4-17(c)所示为混合式配电系统。它是放射式和树干式的综合运用,具有两者的优点,所以在实际工程中应用最为广泛。

(4)链式。如图 4-17(d)所示为链式配电系统。它与树干式相似,适用于距离配电所较远,而彼此之间相距又较近的不重要的小容量设备,链接的设备一般不超过 3~4 台。

在实际应用中,各类建筑的照明配电系统都是上述四种基本方式的综合。

3. 照明配电箱

照明配电箱应尽量靠近负载中心偏向电源的一侧,并应放在便于操作、便于维护、适当兼顾美观的位置。配电盘的作用半径主要决定于线路电压损失、负载密度和配电支线的数目,单相分配电箱的作用半径一般不宜超过 20~30m。

在配电箱内应设置总开关。至于每个支路是否需要设开关,主要决定控制方式,但每个支路应设置保护装置。为了出线方便,一个分配电盘的支路一般不宜超过 9 个。各支路的负载应尽可能三相平衡,最大相和最小相负载的电流差不大于 30%。

照明配电箱的每一出线回路(一相线一零线)是直接和灯相连接的照明供电线路。每一出线回路的负载不宜超过 2kW,熔断器不宜超过 20A,所接灯数不应超过 25 只(若接有插座时,每一插座可按 60W 考虑),在次要场所可增至 30 只。若每个灯具内装有两只荧光灯管时,允许接 50 只灯管。

常用照明配电系统的接线,见表 4-2。

表 4-2　　　　　　　　　常用照明配电系统接线示意图

序号	供电方式	照明配电系统接线示意图	方案说明
1	单台 变压器系统	 220V/380V 电力负荷 正常照明　　疏散照明	照明与电力负荷在母线上分开供电,疏散照明线路与正常照明线路分开

序号	供电方式	照明配电系统接线示意图	方案说明
2	一台变压器及一路备用电源线系统		照明与电力负荷在母线上分开供电,暂时继续工作的备用照明由备用电源供电
3	一台变压器及蓄电池组系统		照明与电力负荷在母线上分开供电,暂时继续工作的备用照明由蓄电池组供电
4	两台变压器系统		照明与电力负荷在母线上分开供电,正常照明和应急照明由不同变压器供电
5	变压器-干线(一台)系统		对外无低压联络线时,正常照明电源接自干线总断路器之前

续表

序号	供电方式	照明配电系统接线示意图	方案说明
6	变压器-干线（两台）系统	电力干线　电力干线 正常照明 应急照明	两段干线间设联络断路器，照明电源接自变压器低压总开关的后侧，当一台变压器停电时，通过联络路开关接到另一段干线上，应急照明由两段干线交叉供电
7	由外部线路供电系统（2路电源）	1 电源线 2 电力 正常照明　疏散照明	适用于不设变电所的重要或较大的建筑物，几个建筑物的正常照明可共用一路电源线，但每个建筑物进线处应装带保护的总断路器
8	由外部线路供电系统（1路电源）	电源线 正常照明　电力	适用于次要的或较小的建筑物，照明接于电力配电箱总断路器前

续表

序号	供电方式	照明配电系统接线示意图	方案说明
9	多层建筑低压供电系统	六层　五层　四层　三层　二层　低压配电屏(箱)	在多层建筑内,一般采用干线式供电,总配电箱装在底层

五、常用动力及照明设备在图上的表示方法

常用的动力及照明设备,如电动机、动力及照明配电箱、灯具、开关、插座及其他日用电器等往往需要在动力及照明平面上表示出来,这些设备在图上的表示方法一般是采用图形符号和文字标注相结合的方式。

1. 配电箱表示方法

配电箱是动力和照明工程中的主要设备之一,是由各种开关电器、仪表、保护电器、引入引出线等按照一定方式组合而成的成套电器装置,用于电能的分配和控制。

配电箱的安装方式有明装、暗装及立式安装等几种形式,各种配电箱的图形符号,见表 4-3。

表 4-3　　　　　　　　　　　配电器的图形符号

序号	图形符号	说　　明
1		屏、台、箱、柜一般符号
2		动力或动力-照明配电箱 注:需要时符号内可表示电流种类符号

续表

序号	图形符号	说　　明
3	■	照明配电箱(屏) 注:需要时允许涂红
4	⊠	事故照明配电箱(屏)
5	⊗	信号板、信号箱(屏)
6	◩	多种电源配电箱(屏)

照明配电箱型号的表示方法及含义如下：

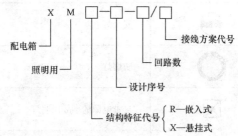

2. 常用照明灯具表示方法

常用照明灯具的图形符号,见表 4-4。

表 4-4　　　　　　　　　常用照明灯具的图形符号

序号	图形符号	说　　明
1	⊗	灯或信号灯的一般符号
2	⊗	投光灯一般符号
3	⊗⇒	聚光灯
4	⊛	防水防尘灯

序号	图形符号	说　　明
5	●	球形灯
6	◗	吸顶灯
7	⊖	壁灯
8	⊗	花灯
9	⌒○	弯灯
10	⊖	安全灯
11	◎	防爆灯
12	⊠	自带电源的事故照明灯
13	⊗↗↙	泛光灯
14	⊢───┤ ⊢━━━┤ ⊢━━┤ 5	荧光灯一般符号 三管荧光灯 五管荧光灯
15	▭■▭	气体放电灯的辅助设备 （仅用于与光源不在一起的）
16	⊖	矿山灯
17	○	普通型吊灯

3. 常用照明插座表示方法

插座主要用来插接照明设备和其他用电设备,也常用来插接小容量的三相用电设备,常见的有单相两孔、单相三孔(带保护线)和三相四孔插座。插座的接线方式如图 4-18 所示。

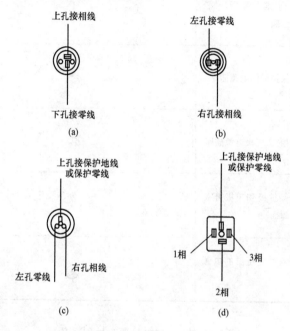

图 4-18　插座的接线

(a)、(b)单相两孔插座;(c)单相三孔插座;(d)三相四孔插座

在动力和照明平面图中,插座往往采用图形符号来表示,工程中常见插座的图形符号,见表 4-5。

表 4-5　　　　　　　　　　　　插座图形符号

序号	名称	常用图形符号	
		形式 1	形式 2
1	电源插座、插孔,一般符号(用于不带保护极的电源插座)	⌣	

序号	名称	常用图形符号	
		形式1	形式2
2	多个电源插座（符号表示三个插座）		
3	带保护极的电源插座		
4	单相二、三极电源插座		
5	带保护极和单极开关的电源插座		
6	带隔离变压器的电源插座		

第二节　室内配电线路

一、室内配线方式

　　室内配线方式是指动力和照明线路在建筑物内的安装方法，根据建筑物的结构和要求的不同，室内配电方式可以分为明配线和暗配线两大类。

　　明配线是指导线直接或穿保护管、线槽等敷设于墙壁、棚顶的表面及桁架等处。暗配线是指导线穿管或线槽等敷设于槽壁、楼板、梁、柱、地面等处的内部。

　　导线配线的方法也叫敷设方法。不同敷设方法其差异主要是由于导线在建筑物上的固定方式不同,所使用的材料、器件及导线种类也随之不同。按导线固定材料的不同,常用的室内导线敷设方法,见表 4-6。

表 4-6　　　　　　　　　　常用的室内导线敷设方法

序号	类别	说　　明
1	夹板配线	夹板配线使用瓷夹板或塑料夹板来夹持和固定导线,适用于一般场所。其中瓷夹板配线做法如图 1 所示 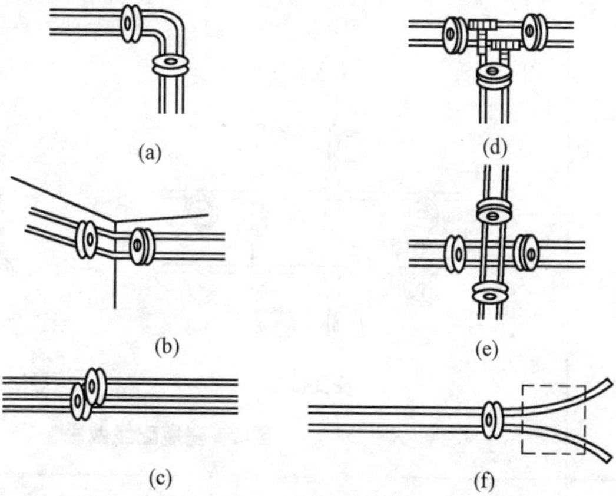 (a)　　(d) (b)　　(e) (c)　　(f) **图 1　瓷夹板配线做法**
2	瓷瓶配线	瓷瓶配线使用瓷瓶来支持和固定导线。瓷瓶的尺寸比夹板大,适用于导线截面较大、比较潮湿的场所。常用瓷瓶如图 2 所示,瓷瓶配线做法如图 3 所示 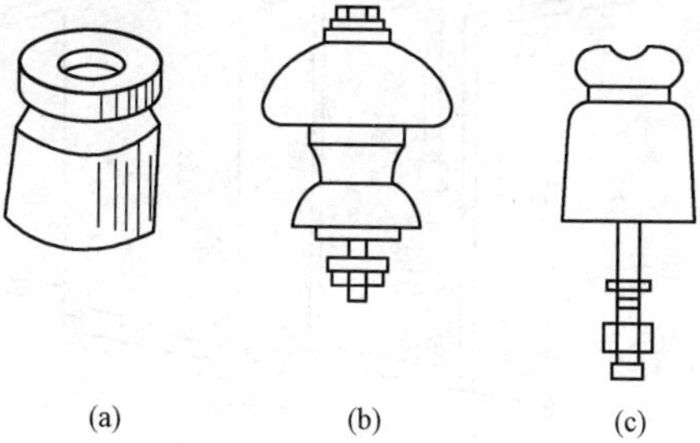 (a)　　(b)　　(c) **图 2　常用瓷瓶** (a)瓷柱;(b)蝶式;(c)直角针式

序号	类别	说　　明
2	瓷瓶配线	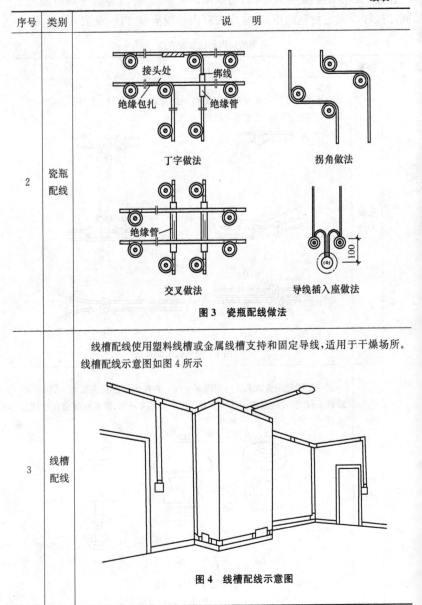
3	线槽配线	线槽配线使用塑料线槽或金属线槽支持和固定导线,适用于干燥场所。线槽配线示意图如图 4 所示

图 3　瓷瓶配线做法

图 4　线槽配线示意图

序号	类别	说　明
4	卡钉护套配线	卡钉护套配线使用塑料卡钉来支持和固定导线，适用于干燥场所。常用的塑料卡钉如图5所示 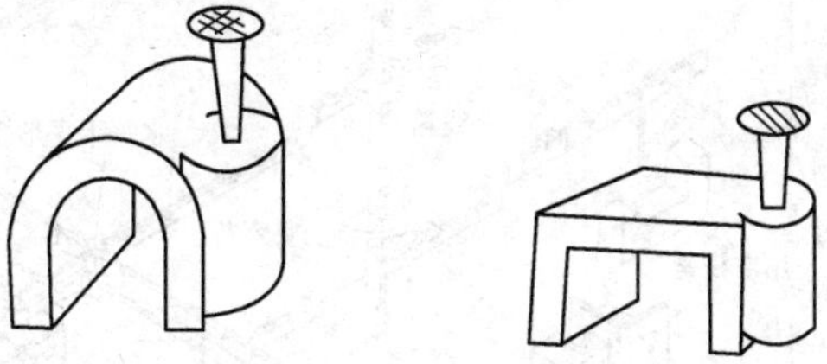 (a)　　　　　(b) **图5　常用塑料卡钉**
5	钢索配线	钢索配线是将导线悬吊在拉紧的钢索上的一种配线方法，适用于大跨度场所，特别是大跨度空间照明。钢索在墙上安装示意图如图6所示 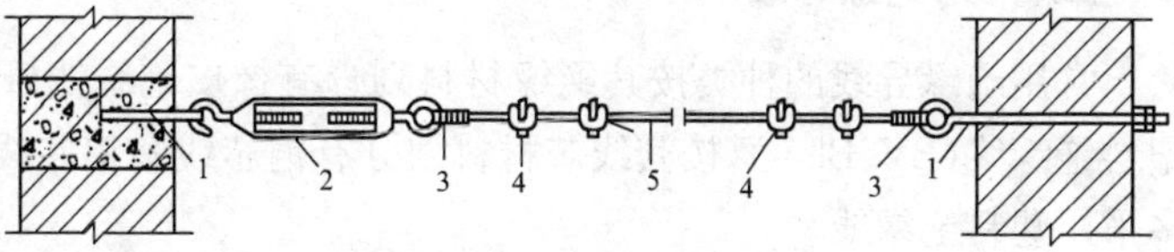 **图6　钢索在墙上安装示意图** 1—终端耳环；2—花篮螺栓；3—心形环； 4—钢丝绳卡子；5—钢丝绳
6	线管配线	线管配线是将导线穿在线管中，然后再明敷或暗敷在建筑物的各个位置。使用不同的管材，可以适用于各种场所，主要用于暗敷设。穿管常用的管材有钢管和塑料管两大类
7	封闭式母线槽配线	封闭式母线槽配线适用于高层建筑、工业厂房等大电流配电场所。母线槽配线示意图如图7所示

序号	类别	说　明
7	封闭式母线槽配线	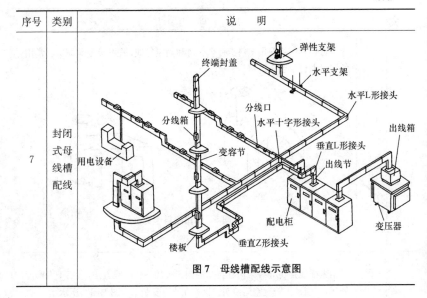 图 7　母线槽配线示意图

二、常见绝缘导线

常用绝缘导线的种类按其绝缘材料划分有橡皮绝缘线(BX、BLX)和塑料绝缘线(BV、BLV),按其线芯材料划分有铜芯线和铝芯线,建筑物内多采用塑料绝缘线。

常用绝缘导线的型号及用途,见表 4-7。

表 4-7　　　　　　　　　　常用绝缘导线的型号及用途

序号	型　号	名　　称	主要用途
1	BV	铜芯聚氯乙烯绝缘电线	用于交流 500V 及直流 1000V 及以下的线路中,供穿钢管或 PVC 管,明敷或暗敷
2	BLV	铝芯聚氯乙烯绝缘电线	
3	BVV	铜芯聚氯乙烯绝缘聚氯乙烯护套电线	用于交流 500V 及直流 1000V 及以下的线路中,供沿墙、沿平顶、线卡明敷用
4	BLVV	铝芯聚氯乙烯绝缘聚氯乙烯护套电线	

序号	型号	名　　称	主要用途
5	BVR	铜芯聚氯乙烯软线	与 BV 同,安装要求柔软时使用
6	RV	铜芯聚氯乙烯绝缘软线	供交流 250V 及以下各种移动电器接线用,大部分用于电话、广播、火灾报警等,前三者常用 RVS 绞线
7	RVS	铜芯聚氯乙烯绝缘绞型软线	
8	BXF	铜芯氯丁橡皮绝缘线	具有良好的耐老化性和不延燃性,并具有一定的耐油、耐腐蚀性能,适用于用户敷设
9	BLXF	铝芯氯丁橡皮绝缘线	
10	BV—105	铜芯耐105℃聚氯乙烯绝缘电线	供交流 500V 及直流 1000V 及以下电力、照明、电工仪表、电信电子设备等温度较高的场所使用
11	BLV—105	铝芯耐105℃聚氯乙烯绝缘电线	
12	RV—105	铜芯耐105℃聚氯乙烯绝缘软线	供 250V 及以下的移动式设备及温度较高的场所使用

第三节　动力及照明系统图识读

　　动力、照明系统图是用图形符号、文字符号绘制的,用来概略表述建筑内动力、照明系统的基本组成及相互关系的电气工程图纸,具有电气系统图的基本特点。一般用单线绘制,它能够集中反映动力及照明的计算电流、开关及熔断器、配电箱、导线和电缆的型号规格、保护管管径与敷设方式、用电设备名称、容量及配电方式等。

一、动力系统图

　　低压动力配电系统的电压等级一般为 380V/220V 中性点直接接地系统,低压配电系统的接线方式主要有放射式、树干式和链式三种形式。

1. 放射式动力配电系统

　　如图 4-19 所示为放射式电力系统图。当动力设备数量不多,容量大小差别较大,设备运行状态比较平稳时,一般采用放射式配电方案。这种接线方式的主配电箱安装在容量较大的设备附近,分配电箱和控制开关与所控制的设备安装在一起,因此能保证配电的可靠性。

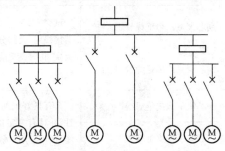

图 4-19　放射式电力系统图

2. 树干式动力配电系统

如图 4-20 所示为树干式动力配电系统。当动力设备分布比较均匀,设备容量差别不大且安装距离较近时,可采用树干式动力系统配电方案。这种接线方式的可靠性比放射式要低一些,在高层建筑的配电系统设计中,垂直母线槽和插接式配电箱组成树干式配电系统。

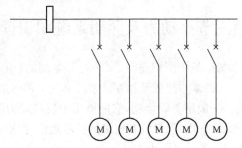

图 4-20　树干式动力配电系统

3. 链式动力配电系统

如图 4-21 所示为链式动力配电系统。当设备距离配电屏较远,设备容量比较小,且相互之间距离比较近时,可以采用链式动力配电方案。这种接线方式由一条线路配电,先接至一台设备,然后再由这台设备接至邻近的动力设备,通常一条线路可以接 3~4 台设备,最多不超过 5 台,总功率不超过 10kW。它的特性与树干式配电方案的特性相似,可以节省导线,但供电可靠性较差,一条线路出现故障,会影响多台设备的正常运行。

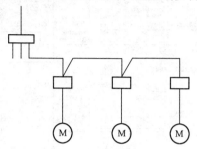

图 4-21　链式动力配电系统

4. 动力系统图的识读实例

　　建筑物的动力设备较多,包括电梯、空调、水泵以及消防设备等,下面以某教学大楼 1~7 层的动力系统图为例介绍动力系统图的识读方法。

　　某教学大楼 1~7 层的动力系统图,如图 4-22 所示。设备包括电梯和各层动力装置,其中电梯动力较简单,由低压配电室 AA4 的 WPM4 回路用电缆经竖井引至 7 层电梯机房,接至 AP-7-1♯箱上,箱型号为PZ30-3003,电缆型号为 VV(5×10)铜芯塑缆。该箱输出两个回路,电梯动力 18.5kW,主开关为 C45N/3P(50A)低压断路器,照明回路主开关为C45N/1P(10)。

　　(1)动力母线是用安装在电气竖井内的插接母线完成的,母线型号为CFW-3A-400A/4,额定容量 400A,三相加一根保护线。母线的电源是用电缆从低压配电室 AA3 的 WPM2 回路引入的,电缆型号为 VV(3×120＋2×70)铜芯塑电缆。

　　(2)各层的动力电源是经插接箱取得的,插接箱与母线成套供应,箱内设两只 C45N/3P(32)、(50)低压断路器,括号内数值为电流整定值,将电源分为两路。

　　(3)这里仅以一层为例加以说明。电源分为两路,其中一路是用电缆桥架(CT)将电缆 VV-(5×10)-CT 铜芯电缆引至 AP-1-1♯配电箱,型号为PZ30-3004。另一路是用 5 根每根是 6mm^2 导线穿管径 25mm 的钢管将铜芯导线引至 AP-1-2♯配电箱,型号为 AC701-1。

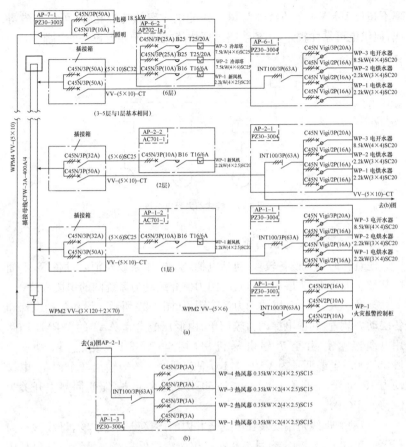

图4-22　某教学大楼1～7层动力系统图

AP-1-1♯配电箱分为四路，其中有一备用回路，箱内有 C45N/3P(10A)的低压断路器，整定电流10A，B16交流接触器，额定电流16A，以及 T16/6A 热继电器，额定电流为16A，热元件额定电流为6A。总开关为隔离刀开关，型号 INT100/3P(63A)，第一分路 WP-1 为电烘手器 2.2kW，用铜芯塑线（3×4）SC20引出到电烘手器上，开关采用 C45NVigi/2P(16A)，有漏电报警功能（Vigi）；第二分路 WP-2 为电烘手器，同上；第三分路为电开水器 8.5kW，用铜芯塑线（4×4）SC20连接，采用 C45NVigi/3P(20A)，有漏电报警功能。

　　AP-1-2♯配电箱为一路 WP-1,新风机 2.2kW,用铜芯塑线(4×2.5)SC20 连接。

　　2～6 层与 1 层基本相同,但 AP-2-1♯箱增了一个回路,这个回路是为一层设置的,编号 AP-1-3,型号为 PZ30-3004,如图 4-22(b)所示,四路热风幕,0.35kW×2,铜线穿管(4×2.5)SC15 连接。

　　(4)6 层与 1 层略有不同,其中 AP-6-1♯与 1 层相同,而 AP-6-2♯增加了两个回路,即两个冷却塔 7.5kW,用铜塑线(4×6)SC25 连接,主开关为 C45N/3P(25A)低压断路器,接触器 B25 直接启动,热继电器 T25/20A 作为过载及断相保护。增加回路后,插接箱的容量也作了调整,两路均为 C45N/3P(50A),连接线变为(5×10)SC32。

　　(5)1 层除了上述回路外,还从低压配电室 AA4 的 WLM2 引入消防中心火灾报警控制柜一路电源,编号 AP-1-4,箱型号为 PZ30-3003,总开关为 INT100/3P(63A)刀开关,分 3 路,型号均为 C45N/ZP(16A)。

二、照明系统图

　　建筑电气照明系统图是用来表示照明系统网络关系的图纸,系统图应表示出系统的各个组成部分之间的相互关系、连接方式,以及各组成部分的电器元件和设备及其特性参数。

　　照明配电系统有 380V/220V 三相五线制(TN-C 系统、TT 系统)和 220V 单相两线制。在照明分支中,一般采用单箱供电,在照明总干线中,为了尽量把负荷均匀地分配到各线路上,以保证供电系统的三相平衡,常采用三相五线制供电方式。

　　根据照明系统连接方式的不同可以分为以下几种方式。

1. 单电源照明配电系统

　　照明线路与动力线路在母线上分开供电,事故照明线路与正常照明分开,如图 4-23 所示。

2. 有备用电源照明配电系统

　　照明线路与动力线路在母线上分开供电,事故照明线路由备用电源供电,如图 4-24 所示。

3. 多层建筑照明配电系统

　　多层建筑照明一般采用干线式供电,总配电箱设在底层,如图 4-25 所示。

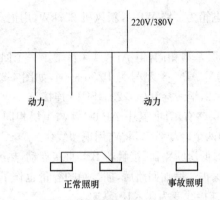

图 4-23　单电源照明配电系统

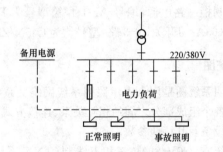

图 4-24　备用电源照明配电系统

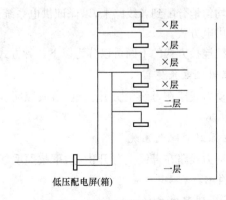

图 4-25　多层建筑照明配电系统

4. 照明系统图识读实例

在照明系统图中,可以清楚地看出照明系统的接线方式以及进线类型与规格、总开关型号、分开关型号、导线型号规格、管径及敷设方式、分支回路编号、分支回路设备类型、数量及计算总功率等基本设计参数。下面以某综合大楼的照明配电系统图为例介绍照明系统图的识读方法。

某综合大楼为三层砖墙结构,其照明系统图如图 4-26 所示。从图中

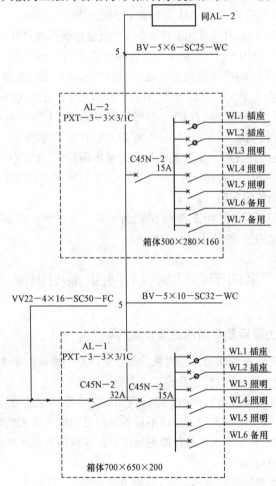

图 4-26　某综合大楼照明系统图

可以看出,进线标注为 VV22-4×16SC50-FC,说明本楼使用全塑铜芯铠装电缆,规格为 4 芯,截面积 16mm²,穿直径 50mm 焊接钢管,沿地下暗敷设进入建筑物的首层配电箱。三个楼层的配电箱均为 PXT 型通用配电箱,一层 AL-1 箱尺寸为 700mm×650mm×200mm,配电箱内装一只总开关,使用 C45N-2 型单极组合断路器,容量 32A。总开关后接本层开关,也使用 C45N-2 型单极组合断路器,容量 15A。另外的一条线路穿管引上二楼。本层开关后共有 6 个输出回路,分别为 WL1～WL6。其中:WL1、WL2 为插座支路,开关使用 C45N-2 型单极组合断路器;WL3、WL4、WL5 为照明支路,使用 C45N-2 型单极组合断路器;WL6 为备用支路。

　　1 层到 2 层的线路使用 5 根截面积为 10mm² 的 BV 型塑料绝缘铜导线连接,穿直径 32mm 焊接钢管,沿墙内暗敷设。二层配电箱 AL-2 与三层配电箱 AL-3 相同,均为 PXT 型通用配电箱,尺寸为 500mm×280mm×160mm。箱内主开关为 C45N-2 型 15A 单极组合断路器,在开关前分出一条线路接往三楼。主开关后为 7 条输出回路,其中:WL1、WL2 为插座支路,使用带漏电保护断路器;WL3、WL4、WL5 为照明支路;WL6、WL7 两条为备用支路。

　　从 2 层到 3 层使用 5 根截面积为 6mm² 的塑料绝缘铜线连接,穿 φ25mm 焊接钢管,沿墙内暗敷设。

第四节　动力及照明平面图识读

一、动力及照明平面图识读方法

　　(1)首先应阅读动力与照明系统图。了解整个系统的基本组成,各设备之间的相互关系,对整个系统有一个全面了解。

　　(2)阅读设计说明和图例。设计说明以文字形式描述设计的依据、相关参考资料以及图中无法表示或不易表示但又与施工有关的问题。图例中常表明图中采用的某些非标准图形符号。这些内容对正确阅读平面图是十分重要的。

　　(3)了解建筑物的基本情况,熟悉电气设备、灯具在建筑物内的分布与安装位置。要了解电气设备、灯具的型号、规格、性能、特点以及对安装的技术要求。

（4）了解各支路的负荷分配和连接情况,明确各设备属于哪个支路的负荷,弄清设备之间的相互关系。读平面图时,一般从配电箱开始,一条支路一条支路地看。如果这个问题解决不好,就无法进行实际的配线施工。

（5）动力设备及照明灯具的具体安装方法一般不在平面图上直接给出,必须通过阅读安装大样图来解决,可以把阅读平面图和阅读安装大样图结合起来,以全面了解具体的施工方法。

（6）相互对照、综合看图。为避免建筑电气设备及线路与其他设备管线在安装时发生位置冲突,在阅读平面图时,要对照阅读其他建筑设备安装图。

（7）了解设备的一些特殊要求,做出适当的选择。如低压电器外壳防护等级、防触电保护的灯具分类、防爆电器等的特殊要求。

二、动力及照明平面图识读实例

1. 动力平面图识读

室内电气系统的动力部分通常分四种类型,即配电室设备、空调机房、水泵房和各种动力装置等。下面以某办公大楼配电室平面布置图为例介绍动力平面图的识读方法。

某办公大楼配电室平面布置图如图 4-27 所示。图中还列出了剖面图和主要设备规格型号。从图中可以看出,配电室位于一层右上角 ⑦—⑧ 和 ⑪—Ⓖ/① 轴间,面积为 5400mm×5700mm。两路电源进户,其中有一备用电源,380V/220V,电缆埋地引入,进户位置 ⑪ 轴距 ⑦ 轴 1200mm 并引入电缆沟内,进户后直接接于 AA1 柜总隔离刀开关上闸口。进户电缆型号为 VV22(3×185+1×95)×2,备用电缆型号为 VV22(3×185+1×95),由厂区变电所引来。

室内设柜 5 台,成列布置于电缆沟上,距 ⑪ 轴 800mm,距 ⑦ 轴 1200mm。出线经电缆沟引至 ⑦ 轴与 ⑪ 轴所成直角的电缆竖井内,通往地下室的电缆引出沟后埋地－0.8m 引入。柜体型号及元器件规格型号见图 4-27 中的设备规格型号表。槽钢底座采用 100mm×100mm 槽钢。电缆沟设木盖板厚 50mm。

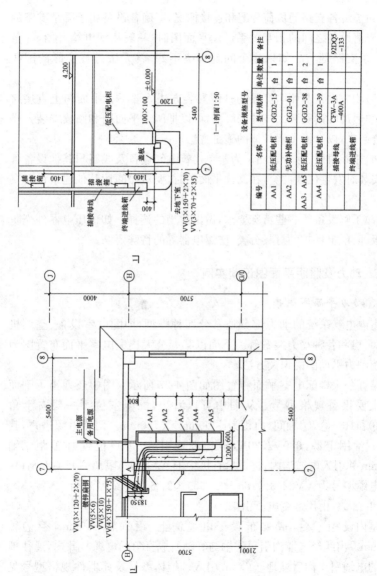

图4-27　某办公大楼配电室平面布置图

设备规格型号

编号	名称	型号规格	单位	数量	备注
AA1	低压配电柜	GGD2-15	台	1	
AA2	无功补偿柜	GGJ2-01	台	1	
AA3、AA5	低压配电柜	GGD2-38	台	2	
AA4	低压配电柜	GGD2-39	台	1	
	插接母线	CFW-3A–400A			
	终端进线箱				92DQ5–133

接地线由⑦轴与Ⓗ轴交叉柱 A 引出到电缆沟内并引到竖井内,材料为一 40mm×4mm 镀锌扁钢,系统接地电阻≤4Ω。

2. 照明平面图识读

下面以某幼儿园一层照明平面布置图为例介绍照明平面图的识读方法。

某幼儿园 1 层照明平面布置图,如图 4-28 所示。图中有一个照明配电箱 AL1,由配电箱 AL1 引出 WL1～WL11 共 11 路配电线。

其中 WL1 照明支路,共有 4 盏双眼应急灯和 3 盏疏散指示灯。4 盏双眼应急灯分别位于轴线Ⓑ的下方,连接到 3 轴线右侧传达室附近 1 盏;轴线Ⓔ的下方,连接到③轴线左侧传达室附近 1 盏;轴线Ⓔ的下方,连接到⑦轴线左侧消毒室附近 1 盏;轴线Ⓔ的下方,连接到⑪轴线右侧厨房附近 1 盏。3 盏疏散指示灯分别位于:轴线Ⓐ的上方,连接到 3～5 轴线之间的门厅 2 盏;轴线Ⓓ～Ⓔ之间,连接到⑫轴线右侧的楼道附近 1 盏。

WL2 照明支路,共有防水吸顶灯 2 盏、吸顶灯 2 盏、双管荧光灯 12 盏、2 个排风扇、暗装三极开关 3 个、暗装两极开关 2 个、暗装单极开关 1 个。位于轴线Ⓒ～Ⓓ之间,连接到⑤～⑦轴线之间的卫生间里安装 2 盏防水吸顶灯、1 个排风扇和 1 个暗装三极开关;位于轴线Ⓒ～Ⓓ之间,连接到⑦～⑧轴线之间的衣帽间里安装 1 盏吸顶灯和 1 个暗装单极开关;位于轴线Ⓒ～Ⓓ之间,连接到⑧～⑨轴线之间的饮水间里安装 1 盏吸顶灯、1 个排风扇和 1 个暗装两极开关;位于轴线Ⓐ～Ⓒ之间,连接到⑤～⑦轴线之间的寝室里安装 6 盏双管荧光灯和 1 个暗装三极开关;位于轴线Ⓐ～Ⓒ之间,连接到⑦～⑨轴线之间的活动室里安装 6 盏双管荧光灯和 1 个暗装三极开关。

WL3 照明支路,共有防水吸顶灯 2 盏、吸顶灯 2 盏、双管荧光灯 12 盏、排风扇 2 个、暗装三极开关 3 个、暗装两极开关 2 个、暗装单极开关 1 个。位于轴线Ⓒ～Ⓓ之间,连接到⑪～⑫轴线之间的卫生间里安装 2 盏防水吸顶灯、1 个排风扇和 1 个暗装三极开关;位于轴线Ⓒ～Ⓓ之间,连接到⑩～⑪轴线之间的衣帽间里安装 1 盏吸顶灯和 1 个暗装单极开关;位于轴线Ⓒ～Ⓓ之间,连接到⑨～⑩轴线之间的饮水间里安装 1 盏吸顶灯、

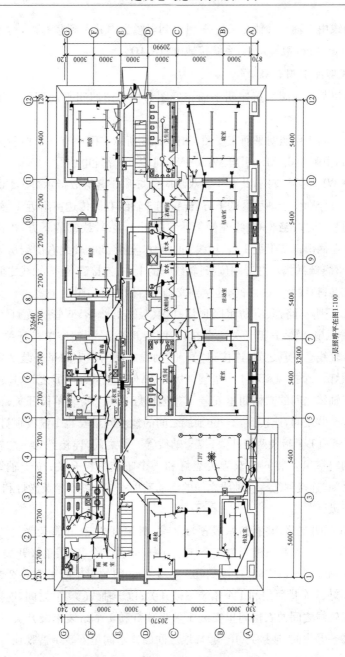

一层照明平在图1:100

图4-28 某幼儿园照明平面布置图

1个排风扇和1个暗装两极开关;位于轴线Ⓐ～Ⓒ之间,连接到⑪～⑫轴线之间的寝室里安装6盏双管荧光灯和1个暗装三极开关;位于轴线Ⓐ～Ⓒ之间,连接到⑨～⑪轴线之间的活动室里安装6盏双管荧光灯和1个暗装三极开关。

WL4照明支路,共有防水吸顶灯1盏、吸顶灯12盏、双管荧光灯1盏、单管荧光灯4盏、排风扇4个、暗装两极开关5个和暗装单级开关11个。位于轴线Ⓖ下方,连接到①～②轴线之间的卫生间里安装1盏吸顶灯、1个排风扇和1个暗装两极开关;位于轴线Ⓕ、Ⓖ之间,连接到②～③轴线之间的卫生间里安装1盏吸顶灯、1个排风扇和1个暗装两极开关;位于轴线Ⓕ、Ⓖ之间,连接到③～④轴线之间的卫生间里安装1盏吸顶灯、1个排风扇和1个暗装两极开关;位于轴线Ⓕ、Ⓖ之间,连接到⑤、⑥轴线之间的淋浴室里安装1盏防水吸顶灯和1个排风扇;位于轴线Ⓕ、Ⓖ之间,连接到⑥、⑦轴线之间的洗衣间里安装1盏双管荧光灯;位于轴线Ⓔ、Ⓕ之间,连接到⑥～⑦轴线之间的消毒间里安装1盏单管荧光灯和2个暗装单极开关(其中1个暗装单级开关是控制洗衣间1盏双管荧光灯的);位于轴线Ⓔ、Ⓕ之间,连接到⑤、⑥轴线之间的更衣室里安装1盏单管荧光灯、1个暗装单极开关和1个暗装两极开关(其中1个暗装两极开关是用来控制淋浴室的防水吸顶灯和排风扇的);位于轴线Ⓔ、Ⓕ之间,连接到④～⑤轴线之间的位置安装1盏吸顶灯和1个暗装单极开关;位于轴线Ⓕ下方,连接到③～④轴线之间的洗手间里安装1盏吸顶灯和1个暗装单极开关;位于轴线Ⓕ下方,连接到②～③轴线之间的洗手间里安装1盏吸顶灯和1个暗装单极开关;位于轴线Ⓔ、Ⓕ之间,连接到③轴线位置安装1盏吸顶灯、位于轴线Ⓔ上方,连接到④轴线左侧位置安装1个暗装单极开关;位于轴线Ⓔ、Ⓕ之间和Ⓕ上方,连接到①～②轴线之间的中间位置各安装1个单管荧光灯;在轴线Ⓔ、Ⓕ之间,连接到②轴线左侧位置安装1个暗装两极开关;在轴线Ⓔ的下方,连接到④轴线位置安装1个暗装单极开关;在轴线Ⓓ、Ⓔ之间,连接到④、⑤轴线之间的中间位置安装1盏吸顶灯;在轴线Ⓓ、Ⓔ之间,连接到⑥、⑦轴线之间的中间位置安装1盏吸顶灯;在轴线Ⓔ的下方,连接到④、⑤轴线之间的中间位置安装1个暗装单级开关;在轴线Ⓓ、Ⓔ之间,连接到⑩轴、⑪轴线之间的中间位置安装1盏吸顶灯;在轴线Ⓔ的下方,连接到⑩轴、⑪轴线之间的中间位置安装1个暗装单级开关;在轴线Ⓓ、Ⓔ之间,连接到⑫轴线右侧的位置安装1盏吸顶灯;在轴线Ⓔ的下方,连接到⑫轴线的位置安装1个暗装单级开关。

WL5照明支路,共有吸顶灯6盏、单管荧光灯4盏、筒灯8盏、水晶吊灯1盏、暗装三极开关1个、暗装两极开关3个和暗装单极开关1个。位于轴线Ⓒ~Ⓓ之间,连接到①~③轴线之间的晨检室里安装2盏单管荧光灯和1个暗装两极开关;位于轴线Ⓑ、Ⓒ之间,连接到①~③轴线之间的位置安装4盏吸顶灯和1个暗装两极开关;位于轴线Ⓐ、Ⓑ之间,连接到①~③轴线之间的传达室里安装2盏单管荧光灯和1个暗装两极开关;位于轴线Ⓐ~Ⓒ之间,连接到③~⑤轴线之间的门厅里安装8盏筒灯、1盏水晶吊灯、1个暗装三极开关和1个暗装单极开关;位于轴线Ⓐ下方,连接到③~⑤轴线之间的位置安装2盏吸顶灯。

WL6照明支路,共有防水双管荧光灯9盏、暗装两极开关2个。位于轴线Ⓔ~Ⓖ之间,连接到⑧~⑫轴线之间的厨房里安装9盏防水双管荧光灯和2个暗装两极开关。

WL7插座支路,共有单相二、三孔插座10个。位于轴线Ⓐ~Ⓒ之间,连接到⑤~⑦轴线之间的寝室里安装单相二、三孔插座4个;位于轴线Ⓐ~Ⓒ之间,连接到⑦~⑨轴线之间的活动室里安装单相二、三孔插座5个;位于轴线Ⓒ~Ⓓ之间,连接到8轴线右侧的饮水间里安装单相二、三孔插座1个。

WL8插座支路,共有单相二、三孔插座7个。位于轴线Ⓒ、Ⓓ之间,连接到①~③轴线之间的晨检室里安装单相二、三孔插座3个;位于轴线A、B之间,连接到①~③轴线之间的传达室里安装单相二、三孔插座4个。

WL9插座支路,共有单相二、三孔插座10个。位于轴线Ⓒ、Ⓓ之间,连接到⑨、⑩轴线之间的饮水间里安装单相二、三孔插座1个;位于轴线Ⓐ~Ⓒ之间,连接到⑨~⑪轴线之间的活动室里安装单相二、三孔插座5个;位于轴线Ⓐ~Ⓒ之间,连接到⑪~⑫轴线之间的寝室里安装单相二、三孔插座4个。

　　WL10 插座支路,共有单相二、三孔插座 5 个、单相二、三孔防水插座 2 个。位于轴线Ⓔ、Ⓕ之间,连接到⑥～⑦轴线之间的消毒室里安装单相二、三孔插座 2 个;位于轴线Ⓗ、Ⓖ之间,连接到⑥～⑦轴线之间的洗衣间里安装单相二、三孔防水插座 2 个;位于轴线Ⓔ～Ⓕ之间,连接到 5 轴线右侧更衣室里安装单相二、三孔插座 1 个;位于轴线Ⓔ～Ⓕ之间,连接到①～②轴线之间的隔离室里安装单相二、三孔插座 2 个。

　　WL11 插足支路,共有单相二、三孔防水插座 8 个。位于轴线Ⓔ、Ⓖ之间,连接到⑧～⑫轴线之间的厨房里安装单相二、三孔防水插座 8 个。

第五章　建筑防雷接地工程图识读

雷电是一种常见的自然现象,它能产生强烈的闪光、霹雳,有时落到地面上,击毁房屋、杀伤人畜,给人类带来极大的危害。特别是随着我国建筑业的迅猛发展,高层建筑日益增多,如何防止雷电的危害,保证建筑物及设备、人身的安全,就显得更为重要了。

第一节　雷电的形成及其危害

一、雷电的形成

空气中不同的气团相遇后,凝成水滴或冰晶,形成积云。积云在运动中分离出电荷,当其积聚到足够数量时,就形成带电雷云。在带有不同电荷的雷云之间,或在雷云及由其感应而生的存在于建筑物等上面的不同电荷之间发生击穿放电,即为雷电。

由于雷云放电形式不同而形成各种雷,最常见的有线状雷、片状雷、球雷等几种。

(1)线状雷。线状雷是最常见的一种雷电,是一条蜿蜒曲折的巨型电火花,长 2～3m,有时可达 10m,有分支的,也有不分支的,雷电流很大,最大可达 200kA。它往往会形成雷云向大地的霹雷(直击雷)。击到树木、房屋,会劈裂、燃烧,击到人畜会伤亡。

(2)片状雷。空间正负电荷相遇,当两者形成的电场足以使空气游离而形成通道,于是正负雷云在空间放电,其电荷量不足形成线状雷,闪光若隐若现,声音较小。这是一种较弱的雷电。

(3)球雷。球雷是一种球形或梨形的发光体,常在电闪之后发生。它以 2m/s 的速度向雨滚动,而且会发出口哨般的响声或嗡嗡声。遇到障碍会停止或越过,它能从烟囱、开着的门窗和缝隙中进入室内,在室内来回滚动几次后,可以沿原路出去,有的也会自动消失。但碰到人畜会发生震耳的爆炸声,还会放出有刺激性的气体,大部分是臭氧,使人畜轻则烧伤,重则死亡。

二、雷电的危害

1. 直击雷

雷云与大地之间直接通过建(构)筑物、电气设备或树木等放电称为直击雷。强大的雷电流通过被击物时产生大量的热量,而在短时内又不易散发出来。所以,凡雷电流流过的物体,金属被熔化,树木被烧焦,建筑物被炸裂。尤其是雷电流流过易燃易爆物体时,会引起火灾或爆炸,造成建筑物倒塌、设备毁坏及人身伤害的重大事故。直击雷的破坏作用最为严重。直接雷击导致架空线中对地电压瞬时升高,如图 5-1 所示。传到过电压从架空线传播到与大地相连接的低压配电装置中。电压升高的不同还可导致与始终保持零电位的大地间的绝缘崩溃,这种情况极少发生。

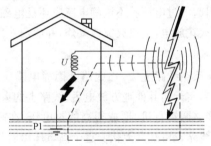

图 5-1　直接雷击建筑物

2. 感应雷

感应雷的破坏也称二次破坏。它分为静电感应雷和电磁感应雷两种类型。静电感应雷,是当建筑物或电气设备上空有雷云时,这些物体上就会感应出与雷云等量而异性的束缚电荷。当雷云放电后,放电通道中的电荷迅速中和,而残留的电荷就会形成很高的对地电位,这就是静电感应引起的过电压。

带有大量负电荷的雷云所产生的电场,将会在金属导线上感应出被电场束缚的正电荷。当雷云对地放电或云间放电时,云层中的负电荷在一瞬间消失了(严格地说是大大减弱),那么在线路上感应出的这些被束缚的正电荷也就在一瞬间失去了束缚,在电势能的作用下,这些正电荷将沿着线路产生大电流冲击。易燃易爆场所、计算机及其场地的防静电问题，应特别重视。图 5-2 表示静电感应雷直击建筑物产生的现象。

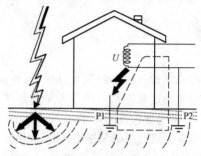

图 5-2　静电感应雷直击建筑物产生的现象

电磁感应雷，是发生雷击后，雷电流在周围空间迅速形成强大而变化的电磁场，处在这电磁场中的物体就会感应出较大的电动势和感应电流，这就是电磁感应引起的过电压。不论静电感应还是电磁感应所引起的过电压，都可能引起火花放电，造成火灾或爆炸，并危及人身安全。

3. 雷电波侵入

当雷云出现在架空线路上方，在线路上因静电感应而聚集大量异性等量的束缚电荷，当雷云向其他地方放电后，线路上的束缚电荷被释放便成为自由电荷向线路两端行进，形成很高的过电压，在高压线路，可高达几十万伏，在低压线路也可达几万伏。这个高电压沿着架空线路、金属管道引入室内，这种现象叫做雷电波侵入。

雷电波侵入可由线路上遭受直击雷或发生感应雷所引起。据调查统计，供电系统中由于雷电波侵入而造成的雷害事故，在整个雷害事故中占 $50\%\sim70\%$，因此对雷电波侵入的防护应予以足够的重视。

第二节　建筑物的防雷等级和防雷措施

一、建筑物的防雷等级

建筑物应根据其重要性、使用性质、发生雷电事故的可能性和后果，按防雷要求分为三类。

1. 第一类防雷建筑物

(1)凡制造、使用或贮存火炸药及其制品的危险建筑物,因电火花而引起爆炸、爆轰,会造成巨大破坏和人身伤亡者。

(2)具有 0 区或 20 区爆炸危险场所的建筑物。

(3)具有 1 区或 21 区爆炸危险场所的建筑物,因电火花而引起爆炸,会造成巨大破坏和人身伤亡者。

2. 第二类防雷建筑物

(1)国家级重点文物保护的建筑物。

(2)国家级的会堂、办公建筑物、大型展览和博览建筑物、大型火车站和飞机场、国宾馆,国家级档案馆、大型城市的重要给水泵房等特别重要的建筑物。

注:飞机场不含停放飞机的露天场所和跑道。

(3)国家级计算中心、国际通信枢纽等对国民经济有重要意义的建筑物。

(4)国家特级和甲级大型体育馆。

(5)制造、使用或贮存火炸药及其制品的危险建筑物,且电火花不易引起爆炸或不致造成巨大破坏和人身伤亡者。

(6)具有 1 区或 21 区爆炸危险场所的建筑物,有电火花不易引起爆炸或不致造成巨大破坏和人身伤亡者。

(7)具有 2 区或 22 区爆炸危险场所的建筑物。

(8)有爆炸危险的露天钢质封闭气罐。

(9)预计雷击次数大于 0.05 次/a 的部、省级办公建筑物和其他重要或人员密集的公共建筑物以及火灾危险场所。

(10)预计雷击次数大于 0.25 次/a 的住宅、办公楼等一般性民用建筑物或一般性工业建筑物。

3. 第三类防雷建筑物

(1)省级重点文物保护的建筑物及省级档案馆。

(2)预计雷击次数大于或等于 0.01 次/a,且小于或等于 0.05 次/a 的部、省级办公建筑物和其他重要或人员密集的公共建筑物,以及火灾危险场所。

(3)预计雷击次数大于或等于 0.05 次/a,且小于或等于 0.25 次/a 的住宅、办公楼等一般性民用建筑物或一般性工业建筑物。

(4)在平均雷暴日大于 15d/a 的地区,高度在 15m 及以上的烟囱、水塔等孤立的高耸建筑物;在平均雷暴日小于或等于 15d/a 的地区,高度在 20m 及以上的烟囱、水塔等孤立的高耸建筑物。

二、建筑物年预计雷击次数

《建筑物防雷设计规范》(GB 50057—2010)规定了建筑物预计雷击次数的确定方法。

1. 建筑物年预计雷击次数的确定

建筑物年预计雷击次数计算公式如下:

$$N = kN_g A_e$$

式中　N——建筑物年预计雷击次数(次/a);

k——校正系数,在一般情况下取 1;位于河边、湖边、山坡下或山地中土壤电阻率较小处、地下水露头处、土山顶部、山谷风口等处的建筑物,以及特别潮湿的建筑物取 1.5;金属屋面没有接地的砖木结构建筑物取 1.7;位于山顶上或旷野的孤立建筑物取 2。

N_g——建筑物所处地区雷击大地的年平均密度[次/(km² · a)];

A_e——与建筑物截收相同雷击次数的等效面积(km²)。

2. 雷击大地年平均密度的确定

雷击大地的年平均密度计算公式如下:

$$N_g = 0.1T_d$$

式中　T_d——年平均雷暴日数,根据当地气象台、站资料确定(d/a)。

3. 建筑物等效面积的确定

建筑物等效面积 A_e 应为其实际平面积向外扩大后的面积。其计算方法应符合下列规定:

(1)当建筑物的高 H 小于 100m 时,其每边的扩大宽度和等效面积应按下列公式计算确定(如图 5-3 所示):

$$D = \sqrt{H(200-H)}$$

$$A_e = [LW + 2(L+W)\sqrt{H(200-H)} + \pi H(200-H)] \times 10^{-6}$$

式中　D——建筑物每边的扩大宽度(m);

L、W、H——建筑物的长、宽、高(m)。

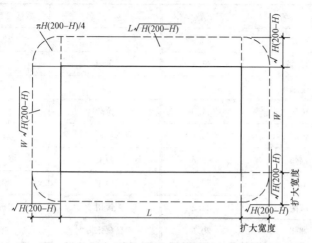

图5-3　建筑物的等效面积

(2)当建筑物的高 H 等于或大于100m时,其每边的扩大宽度应按等于建筑物的高 H 来计算;建筑物的等效面积应按下式确定:

$$A_e=[LW+2H(L+W)+\pi H^2]\times10^{-6}$$

(3)当建筑物各部位的高不同时,应沿建筑物周边逐点算出最大扩大宽度,其等效面积 A_e 应按每点最大扩大宽度外端的连接线所包围的面积计算。

雷电活动强度在不同地区是不同的,通常用年平均雷暴日数这一参数来表示,它是根据多年观测结果所得到的平均值。表5-1给出了我国部分城市的年平均雷暴日数统计。

表5-1　　　　　　　　　　**全国主要城市年平均雷暴日数**

地　　　名	雷暴日数(d/a)	地　　　名	雷暴日数(d/a)
北京	35.2	石家庄	30.2
天津	28.4	太原	32.5
上海	23.7	呼和浩特	34.3
重庆	38.5	沈阳	25.9

地　　名	雷暴日数(d/a)	地　　名	雷暴日数(d/a)
长春	33.9	成都	32.5
哈尔滨	33.4	贵阳	49.0
南京	29.3	昆明	61.8
杭州	34.0	拉萨	70.4
合肥	25.8	兰州	21.1
福州	49.3	西安	13.7
南昌	53.5	西宁	29.6
济南	24.2	银川	16.5
郑州	20.6	乌鲁木齐	5.9
武汉	29.7	大连	20.3
长沙	47.6	青岛	19.6
广州	73.1	宁波	33.1
南宁	78.1	厦门	36.5
海口	93.8		

注:本表数据引自中国气象局雷电防护管理办公室 2005 年发布的资料,不包含港澳台
　　地区城市数据。

三、建筑物易受雷击的部位

建筑物的性质机构及建筑物所处的位置等都对落雷有很大影响,特别易受雷击的部位主要有:

(1)平屋顶或坡度不大于 1/10 的屋面,檐角、女儿墙、屋檐为其易受雷击的部位,如图 5-4(a)和图 5-4(b)所示。

(2)坡度小于 1/10 且小于 1/2 的屋面,屋角、屋脊、檐角、屋檐为其易受雷击的部位,如图 5-4(c)所示。

(3)坡度不小于 1/2 的屋面屋角、屋脊、檐角为其易受雷击的部位,如图 5-4(d)所示。

(4)在屋脊有接闪带的情况下,当屋檐处于屋脊接闪带的保护范围内时,屋檐上可不设接闪带,如图 5-4(c)和图 5-4(d)所示。

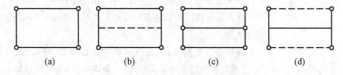

图 5-4 建筑物易受雷击的部位

(a)、(b)平屋顶或坡度不大于 1/10 的屋面;

(c)坡度小于 1/10 且小于 1/2 的屋面;(d)坡度不小于 1/2 的屋面

注:—表示易受雷击部位;---表示不易受雷击部位;○表示雷击率最高部位

四、建筑物的防雷保护措施

建筑物的防雷保护措施,见表 5-2。

表 5-2   建筑物的防雷保护措施

序号	项 目	内 容
1	一类建筑物的防雷	(1)第一类防雷建筑物防直击雷的措施。 1)应装设独立接闪杆或架空接闪线或网。架空接闪网的网格尺寸不应大于 5m×5m 或 6m×4m。 2)排放爆炸危险气体、蒸气或粉尘的放散管、呼吸阀、排风管等的管口外的下列空间应处于接闪器的保护范围内: ①当有管帽时应按表 1 的规定确定。

表 1 有管帽的管口外处于接闪器保护范围内的空间

装置内的压力与周围空气压力的压力差/kPa	排放物对比于空气	管帽以上的垂直距离/m	距管口处的水平距离/m
<5	重于空气	1	2
5~25	重于空气	2.5	5
≤25	轻于空气	2.5	5
>25	重或轻于空气	5	5

注:相对密度小于或等于 0.75 的爆炸性气体规定为轻于空气的气体;相对密度大于 0.75 的爆炸性气体规定为重于空气的气体。

序号	项　目	内　容
1	一类建筑物的防雷	②当无管帽时,应为管口上方半径5m的半球体。 ③接闪器与雷闪的接触点应设在上述第1项或第2项所规定的空间之外。 3)排放爆炸危险气体、蒸气或粉尘的放散管、呼吸阀、排风管等,当其排放物达不到爆炸浓度、长期点火燃烧、一排放就点火燃烧,以及发生事故时排放物才达到爆炸浓度的通风管、安全阀,接闪器的保护范围应保护到管帽,无管帽时应保护到管口。 4)独立接闪杆的杆塔、架空接闪线的端部和架空接闪网的每根支柱处应至少设一根引下线。对用金属制成或有焊接、绑扎连接钢筋网的杆塔、支柱,宜利用金属杆塔或钢筋网作为引下线。 5)独立接闪杆和架空接闪线或网的支柱及其接地装置与被保护建筑物及与其有联系的管道、电缆等金属物之间的间隔距离符合《建筑防雷设计规范》(GB 50057—2010)的规定,且不得小于3m。 6)架空接闪线至屋面和各种突出屋面的风帽、放散管等物件之间的间隔距离应符合《建筑物防雷设计规范》(GB 50057—2010)的规定,且不得小于3m。 7)架空接闪网至屋面和各种突出屋面的风帽、放散管等物体之间的间隔距离应符合《建筑物防雷设计规范》(GB 50057—2010)的规定,且不应小于3m。 8)独立接闪杆、架空接闪线或架空接闪网应设独立的接地装置,每一引下线的冲击接地电阻不宜大于10Ω。在土壤电阻率高的地区,可适当增大冲击接地电阻,但在3000Ωm以下的地区,冲击接地电阻不应大于30Ω。 (2)第一类防雷建筑物防闪电感应应符合下列规定: 1)建筑物内的设备、管道、构架,电缆金属外皮、钢屋架、钢窗等较大金属物和突出屋面的放散管、风管等金属物,均应接到防闪电感应的接地装置上。金属屋面周边每隔18～24m应采用引下线接地一次。现场浇灌或用预制构件组成的钢筋混凝土屋面,其钢筋网的交叉点应绑扎或焊接,并应每隔18～24m采用引下线接地一次。 2)平行敷设的管道、构架和电缆金属外皮等长金属物,其净距小于100mm时,应采用金属线跨接,跨接点的间距不应大于30m;交叉净距小于100mm时,其交叉处也应跨接

续表

序号	项　目	内　容
1	一类建筑物的防雷	当长金属物的弯头、阀门、法兰盘等连接处的过渡电阻大于0.03Ω时,连接处应用金属线跨接。对有不少于5根螺栓连接的法兰盘,在非腐蚀环境下,可不跨接。 　　3)防闪电感应的接地装置应与电气和电子系统的接地装置共用,其工频接地电阻不宜大于10Ω。防闪电感应的接地装置与独立接闪杆、架空接闪线或架空接闪网的接地装置之间的间隔距离,应符合上述(1)、5)的规定。 　　当屋内设有等电位连接的接地干线时,其与防闪电感应接地装置的连接不应少于2处。 　　(3)当难以装置设独立的外部防雷装置时,可将接闪杆或网格不大于5m×5m或6m×4m的接闪网或由其混合组成的接闪器直接装在建筑物上,接闪网应按《建筑物防雷设计规范》(GB 50057—2010)附录B的规定沿屋角、屋脊、屋檐和檐角等易受雷击的部位敷设;当建筑物高度超过30m时,首先应沿屋顶周边敷设接闪带,接闪带设在外墙外表面或屋檐边垂直面上,也可设在外墙表面或屋檐边垂直面外,并应符合《建筑物防雷设计规范》(GB 50057—2010)规定。 　　(4)当树木邻近建筑物且不在接闪器保护范围之内时,树木与建筑物之间的净距不应小于5m
2	二类建筑物的防雷	(1)第二类防雷建筑物外部防雷的措施,宜采用装设在建筑物上的接闪网、接闪带或接闪杆,也可采用由接闪网、接闪带或接闪杆混合组成的接闪器。接闪网、接闪带应按《建筑物防雷设计规范》(GB 50057—2010)附录B的规定沿屋角、屋脊、屋檐和檐角等易受雷击的部位敷设,并应在整个屋面组成不大于10m×10m或12m×8m的网格;当建筑物高度超过45m时,首先应沿屋顶周边敷设接闪带,接闪带应设在外墙外表面或屋檐边垂直面上,也可设在外墙外表面或屋檐边垂直面外。接闪器之间应互相连接。 　　(2)突出屋面的放散管、风管、烟囱等物体,应按下列方式保护: 　　1 排放爆炸危险气体、蒸气或粉尘的放散管、呼吸阀、排风管等管道应符合序号1中第(2)项的规定。 　　2 排放无爆炸危险气体、蒸气或粉尘的放散管、烟囱,1区、21区、2区和22区爆炸危险场所的自然通风管,0区和20区爆炸危险场所的装有阻火器的放散管、呼吸阀、排风管,以及序号1号第3项所规定的管、阀及煤气和天然气放散管等,其防雷保护应符合下列规定

序号	项　目	内　　容
2	二类建筑物的防雷	1)金属物体可不装接闪器,但应和屋面防雷装置相连。 2)除符合下列的规定情况外,在屋面接闪器保护范围之外的非金属物体应装接闪器,并应和屋面防雷装置相连。 对第二类和第三类防雷建筑物,应符合下列规定: ①设有得到接闪器保护的屋顶孤立金属物的尺寸不超过下列数值时,可不要求附加的保护措施。 a. 高出屋顶平面不超过 0.3m。 b. 上层表面总面积不超过 1.0m²。 c. 上层表面的长度不超过 2.0m。 ②不处在接闪器保护范围内的非导电性屋顶物体,当它没有突出由接闪器形成的平面 0.5m 以上时,可不要求附加增设接闪器的保护措施。 (3)专设引下线不应少于 2 根,并应沿建筑物四周和内庭院四周均匀对称布置,其间距沿周长计算不应大于 18m。当建筑物的跨度较大,无法在跨距中间设引下线时,应在跨距两端设引下线并减小其他引下线的间距,专设引下线的平均间距不应大于 18m。 (4)外部防雷装置的接地应和防闪电感应、内部防雷装置、电气和电子系统等接地共用接地装置,并应与引入的金属管线做等电位连接。外部防雷装置的专设接地装置宜围绕建筑物敷设成环形接地体。 (5)有爆炸危险的露天钢质封闭气罐,当其高度小于或等于 60m、制顶壁厚不小于 4mm 时,或当其高度大于 60m、罐顶壁厚和侧壁壁厚均不小于 4mm 时,可不装设接闪器,但应接地,且接地点不应少于 2 处,两接地点间距离不宜大于 30m,每处接地点的冲击接地电阻不应大于 30Ω
3	三类建筑物的防雷	(1)第三类防雷建筑物外部防雷的措施宜采用装设在建筑物上的接闪网、接闪带或接闪杆,也可采用由接闪网、接闪带和接闪杆混合组成的接闪器。接闪网、接闪带应按《建筑物防雷设计规范》(GB 50057—2010)附录 B 的规定沿屋角、屋脊、屋檐和檐角等易受雷击的部位敷设,并应在整个屋面组成不大于 20m×20m 或 24m×16m 的网格;当建筑物高度超过 60m 时,首先应沿屋顶周边敷设接闪带;接闪带应设在外墙外表面或屋檐边垂直面上,也可设在外墙外表面或屋檐边垂直面外。接闪器之间应互相连接

序号	项　目	内　　容
3	三类建筑物的防雷	（2）专设引下线不应少于2根，并沿建筑物四周和内庭院四周均匀对称布置，其间距沿周长计算不应大于25m。当建筑物的跨度较大，无法在跨距中间设引下线时，应在跨距两端设引下线并减小其他引下线的间距，专设引下线的平均间距不应大于25m。 （3）防雷装置的接地应与电气和电子系统等接地共用接地装置，并应与引入的金属管线做等电位联结。外部防雷装置的专设接地装置宜围绕建筑物敷设成环形接地体。 （4）建筑物宜利用钢筋混凝土屋面、梁、柱、基础内的钢筋作为引下线和接地装置，当其女儿墙以内的屋顶钢筋网以上的防水和混凝土层允许不保护时，宜利用屋顶钢筋网作为接闪器，以及当建筑物为多层建筑，其女儿墙压顶板内或檐口内有钢筋且周围除保安人员巡逻外通常无人停留时，宜利用女儿墙压顶板内或檐口内的钢筋作为接闪器，并应符合《建筑物防雷设计规范》（GB 50057—2010）的相关规定。 （5）砖烟囱、钢筋混凝土烟囱，宜在烟囱上装设接闪杆或接闪环保护。多支接闪杆应连接在闭合环上。 　　当非金属烟囱无法采用单支线或双支接闪杆保护时，应在烟囱口装设环形接闪带，并应对称布置三支高出烟囱口不低于0.5m的接闪杆。 　　钢筋混凝土烟囱的钢筋应在其顶部和底部与引下线和贯通连接的金属爬梯相连。当符合上述（4）中的规定时，宜利用钢筋作为引下线和接地装置，可不另设专用引下线。 　　高度不超过40m的烟囱，可只设一根引下线，超过40m时应设两根引下线。可利用螺栓或焊接连接的一座金属爬梯作为两根引下线用。 　　金属烟囱应作为接闪器和引下线

第三节　建筑防雷电气工程图识读

一、防雷装置

为了保证人畜和建筑物的安全，需要装设防雷装置。建筑物的防雷装置一般由接闪器、引下线和接地装置三部分组成。其作用原理是将雷电引向自身并安全导入地中,从而被保护的建筑物免遭雷击。

1. 接闪器

接闪器是直接接受雷击的部分,它能将空中的雷云电荷接收并引下大地。接闪器一般由避雷针、避雷带、避雷网,以及用作接闪的金属屋面和金属构件等。

(1)避雷针。避雷针是最常见的防雷设备之一。避雷针附设在建筑物顶部或独立装设在地面上的针状金属杆上,如图5-5~图5-7所示。

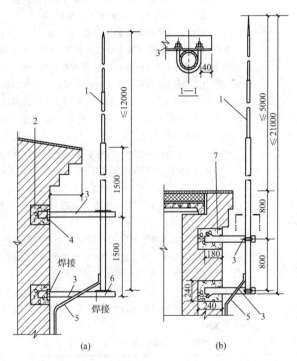

图 5-5　安装在建筑物墙上的避雷针

(a)在侧墙;(b)在山墙

1—接闪器;2—钢筋混凝土梁;3—支架;4—预埋铁板;

5—接地引下线;6—支持板;7—预制混凝土块

避雷针主要适用于保护细高的建筑物和构筑物,如烟囱和水塔等,或用来保护建筑物顶面上的附加突出物,如天线、冷却塔。对较低矮的建筑和地下建筑及设备,要使用独立避雷针,独立避雷针按要求用圆钢焊制铁塔架,顶端装避雷针体。避雷针在地面上的保护半径约为避雷针高度的1.5倍。工程上经常采用多支避雷针,其保护范围是几个单支避雷针保护范围的叠加。

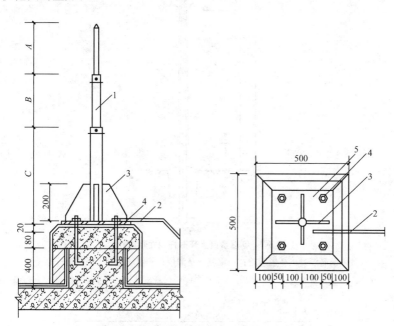

图 5-6　安装在屋面上的避雷针

1—避雷针;2—引下线;3—筋板;4—地脚螺栓;5—底板

(2)避雷带。避雷带是沿着建筑物的屋脊、屋檐、屋角及女儿墙等易受雷击部位暗敷设的带状金属线。避雷带应采用镀锌圆钢或扁钢制成。镀锌圆钢直径为12mm,镀锌扁钢为 25×4 或 40×4。在使用前,应对圆钢或扁钢进行调直加工,对调直的圆钢或扁钢,顺直沿支座或支架的路径进行敷设,如图 5-8 所示。

(3)避雷网。避雷网是在较重要的建筑物上和面积较大的屋面上,纵横敷设金属线组合成矩形平面网格,或以建筑物外形构成一个整体较密的金属大网笼,实行较全面的保护,如图 5-9 所示。

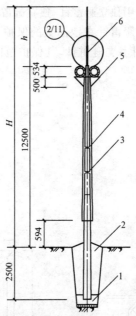

图 5-7 钢筋混凝土环形杆独立避雷针

1—钢筋混凝土杯形基础;2—混凝土浇灌层;3—钢筋混凝土环形电杆;
4—爬梯;5—照明台;6—避雷针

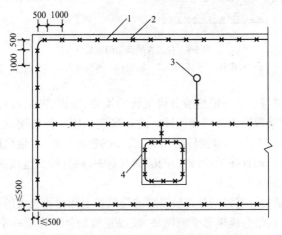

图 5-8 安装在挑檐板上的避雷带平面示意图

1—避雷带;2—支架;3—凸出屋面的金属管道;4—建筑物凸出物

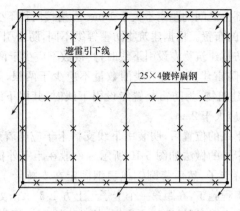

表 5-9 避雷网示意图

2. 引下线

引下线是连接接闪器与接地装置的金属导体。引下线的作用是把接闪器上的雷电流连接到接地装置并引入大地。

(1)引下线的选择。引下线有明敷设和暗敷设两种。另外,还可以利用金属物作引下线。

1)明敷引下线。专设引下线应沿建筑物外墙明敷,并经最短路径接地。引下线宜采用圆钢或扁钢,宜优先采用圆钢,圆钢直径不应小于8mm;扁钢截面不应小于$48mm^2$,其厚度不应小于4mm。

当烟囱上的专设引下线采用圆钢时,其直径不应小于12mm;采用扁钢时,其截面不应小于$100mm^2$,厚度不应小于4mm。

2)暗敷引下线。建筑艺术要求较高者,专设引下线可暗敷,但其圆钢直径不应小于10mm,扁钢截面不应小于$80mm^2$。

3)利用金属物作引下线。

①建筑物的消防梯、钢柱等金属构件宜作为引下线,但其各部分之间均应连成电气通路。如因装饰需要,这些金属构件可被覆有绝缘材料。

②满足以下条件的建筑物立面装饰物、轮廓线栏杆、金属立面装饰物的辅助结构:

a. 其截面不小于专设引下线的截面,且厚度不小于0.5mm;

b. 垂直方向的电气贯通采用焊接、卷边压接、螺钉或螺栓连接,或者各部件的金属部分之间的距离不大于 1mm,且搭接面积不少于 100cm²。

(2)引下线的布置。根据建筑物防雷等级不同,防雷引下线的设置也不相同。一级防雷建筑物专设引下线时,其根数不应少于两根,间距不应大于 18m;二级防雷建筑物引下线的数量不应少于两根,间距不应大于 20m;三级防雷建筑物,为防雷装置专设引下线时,其引下线数量不宜少于两根,间距不应大于 25m。

当确定引下线的位置后,明装引下线支持卡子应随着建筑物主体施工预埋。支持卡子的做法如图 5-10 所示。一般在距室外护坡 2m 高处,预埋第一个支持卡子,然后将圆钢或扁钢固定在支持卡子上,作为引下线。随着主体工程施工,在距第一个卡子正上方 1.5～2m 处,用线坠吊直第一个卡子的中心点,埋设第二个卡子,依此向上逐个埋设,其间距应均匀相等。支持卡子露出长度应一致,突出建筑外墙装饰面 15mm 以上。

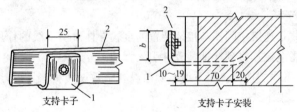

图 5-10　接地干线支持卡子
1—支持卡子;2—接地干线

利用混凝土内钢筋或钢柱作为引下线,同时利用其基础作接地体时,应在室内、外的适当位置距地面 0.3m 以上从引下线上焊接出测试连接板,供测量、接人工接地体和等电位联结用。当仅利用混凝土内钢筋作为引下线并采用埋于土壤中的人工接地体时,应在每根引下线上距地面不低于 0.3m 处设暗装断接卡,其上端应与引下线主筋焊接,如图 5-11 所示。

3. 接地装置

将接闪器与大地做良好的电气连接的装置就是接地装置。它可以将雷电流尽快地疏散到大地之中,接地装置包括接地体和接地线两部分,接地体既可利用建筑物的基础钢筋,也可使用金属材料进行人工敷设。一般垂直埋设的人工接地体多采用镀锌扁钢及圆钢,圆钢及钢管水平埋设的接地体多采用镀锌扁钢及圆钢。

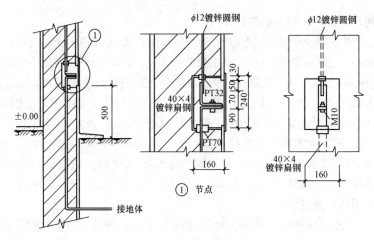

① 节点

表 5-11　暗装断接卡子

4.避雷器

避雷器是用来防护雷电产生的过电压波沿线路侵入变电所或其他建(构)筑物内,以免危及保护设备的绝缘。避雷器与被保护设备并联,装在被保护设备的电源侧。当线路上出现危及设备绝缘的过电压时,它就对大地放电。

常用避雷器型号含义如下:

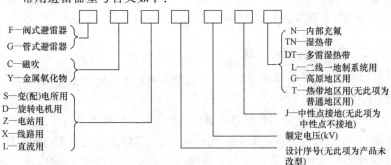

避雷器的类型有阀型、管型和浪涌保护器等。

(1)阀型避雷器。阀型避雷器是电力系统中的主要防雷保护设备之一。它主要由火花间隙和阀电阻片组成,装在密封的瓷套管内。火花间隙用铜片冲压而成,每对间隙之间用厚 0.5~1mm 的云母垫圈相隔,阀片是用碳化硅(金刚砂)颗粒制成的。

当电力系统中没有过电压时,阀片的电阻很大,避雷器的火花间隙具有足够的对地绝缘强度,阻止线路工频电流流过。但是,当电力系统中出现了危险的过电压时,阀片电阻变得很小,火花间隙很快被击穿,使雷电流畅通地向大地排放。过电压一旦消失,线路便会恢复工频电压,阀片呈现很大的电阻,使火花间隙绝缘恢复而切断工频电流,从而保证线路恢复正常。

(2)管型避雷器。管型避雷器由产气管、内部间隙和外部间隙三部分组成,具有较强的灭弧能力,但其保护特性较差,工频续流过高时还易引起爆炸,与变压器特性不易配合,一般只用于线路上,在变配电所内一般都采用阀型避雷器。

(3)浪涌保护器。浪涌保护器又叫电涌保护器,以前称过电压保护器,是一种至少包含一个非线性电压限制元件,用于限制暂态过电压和分流浪涌电流的装置。按照浪涌保护器在电子信息系统的功能,可分为电源浪涌保护器、天馈浪涌保护器和信号浪涌保护器。

电源开关型浪涌保护器由放电间隙、气体放电管、晶闸管和三端双向可控硅元件构成。无电涌出现时为高阻抗,当出现电压电涌时突变为低阻抗,以泄放沿电源线或信号线传导来的过电压。电压限制型浪涌保护器则采用压敏电阻器和抑制二极管组成,无电涌出现时为高阻抗,随着电涌电流和电压的增加,阻抗跟着连续变小,从而抑制了沿电源线或信号线传导来的过电压或过电流。

二、建筑防雷设计要点

(1)防雷的等级及相应措施涉及抗御雷电灾害的安全重任,必须严格按相应规范执行。

(2)避雷针、避雷带类防直击雷的设备平面布置及保护范围图多针对发电厂、变电所通信站及工业生产关键建筑物类露天电气装置场所设计。按滚球法确定的保护范围多与平面布图合并表达,有时还需做出竖向保护区域图配合。

(3)避雷器等类防侵入雷电波灾害的电气系统布置图中,间隔式、阀式及防浪涌式等避雷器的装置必须深入所针对电路方能表示,故多与系统图、电路图合并表达。此电气系统布置图主要表示防雷设备,故称为电气装置防雷电气工程图。它多针对关键、要害、易受侵入雷伤害的敏感电子设备和系统。

三、建筑防雷工程图识读

1. 建筑防雷工程图识读方法

(1)明确建筑物的雷击类型、防雷等级、防雷的措施。

(2)在防雷采用的方式确定后,分析建筑物避雷带等装置的安装方式,引下线的路径及末端连接方式等。

(3)避雷装置采用的材料、尺寸及型号。

2. 建筑防雷工程图的识读实例

某商业大厦的屋面防雷平面图,如图 5-12 所示。从图中可以看出,楼顶外沿处有一圈避雷网,在 12 轴线和 22 轴线处有两根避雷网线,把楼顶分成三个网格,避雷风使用直径 10mm 的镀锌圆钢,避雷网在四个楼角处与组合柱钢筋焊接在一起,这样整个避雷系统有四根引下线。图下部的两个楼角处标有测试卡子字样,在这两根组合柱距室外地坪 0.50m 处,设测试卡子,以供检查接地装置接地电阻时使用。

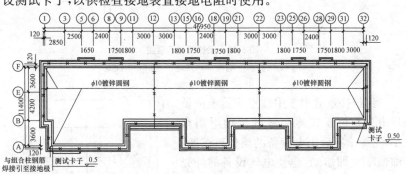

图 5-12　某商业大厦屋面防雷平面图

第四节　建筑接地电气工程图识读

接地是保证用电设备正常运行和人身安全而采取的技术措施。接地处理的正确与否,对防止人身遭受电击、减少财产损失和保障电力系统、信息系统的正常运行有重要的作用。

一、接地的概念

电气设备或其他设置的某一部位,通过金属导体与大地的良好接触称为接地。

1. 保护接地

为保证人身安全、防止触电事故而进行的接地,称为保护接地,如图5-13 所示。

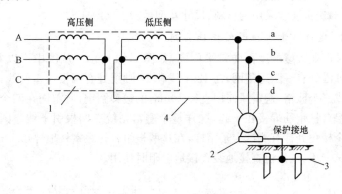

图 5-13　保护接地示意图
1—变压器;2—电机;3—接地装置;4—中性线

保护接地适用于中性点不接地的低压电网。由于接地装置的接地电阻很小,绝缘击穿后用电设备的熔体就熔断。即使不立即熔断,也使电气设备的外壳对地电压大大降低,人体与带电外壳接触,不致发生触电事故。

2. 保护接零

将电气设备的金属外壳与中性点直接接地的系统中的零线相连接,称为接零,如图5-14 所示。

在低压电网中,零线除应在电源(发

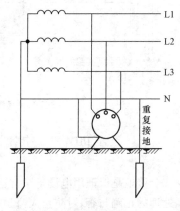

图 5-14　保护接零示意图

电机或变压器)的中性点进行工作接地以外,还应在零线的其他地方进行三点以上的接地。这种接地称为重复接地。接零既可以从零线上直接接地,也可以从接零设备外壳上接地。

3.工作接地

为保证电气设备在正常和事故情况下可靠地工作而进行的接地,称为工作接地,如图 5-15 所示。如变压器和发电机的中性点直接或经消弧线圈等的接地、防雷设备的接地等。各种工作接地都各有作用。

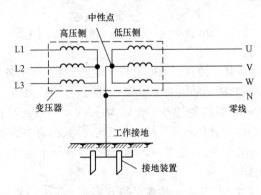

图 5-15　工作接地示意图

4.防雷接地

防止雷电的危害而进行接地,如建筑物的钢结构、避雷网等的接地,叫做防雷接地。

5.防静电接地

为了防止可能产生或聚集静电荷而对金属设备、管道、容器等进行的接地,叫防静电接地。

二、接地装置

接地装置是引导雷电流安全泄入大地的导体,是接地体和接地线的总称,如图 5-16 所示。

1.接地体

接地体是与土壤紧密接触的金属导体,可以把电流导入大地。接地体分为自然接地体和人工接地体两种。

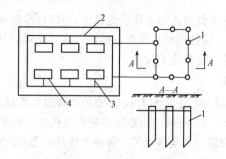

图 5-16　接地装置示意图
1—接地体；2—接地干线；3—接地支线；4—电气设备

（1）自然接地体。兼作接地体用的直接与大地接触的各种金属构件、金属管道及建筑物的钢筋混凝土基础等，称为自然接地体。自然接地体包括直接与大地可靠接触的各种金属构件、金属井管、金属管道和设备（通过或储存易燃易爆介质的除外）、水工构筑物、构筑物的金属桩和混凝土建筑物的基础。在建筑施工中，一般选择用混凝土建筑物的基础钢筋作为自然接地体。

（2）人工接地体。人工接地体是特意埋入地下专门做接地用的金属导体。一般接地体多采用镀锌角钢或镀锌钢管制作。导体截面应符合热稳定和机械强度的要求，但不应小于表 5-3 所列规格。

表 5-3　　　　　　　　　　人工接地体的最小规格

种类、规格		地　上		地　下	
		室内	室外	交流电流回路	直流电流回路
圆钢直径/mm		6	8	10	12
扁钢	截面/mm²	60	100	100	100
	厚度/mm	3	4	4	6
角钢厚度/mm		2	2.5	4	6
钢管管壁厚度/mm		2.5	2.5	3.5	4.5

注：电力线路杆塔的接地体引出线的截面不应小于 50mm²，引出线应热镀锌。

1）当接地体采用钢管时，应选用直径为 38～50mm、壁厚不小于 3.5mm 的钢管。然后按设计的长度切割（一般为 2.5m）。钢管打入地下的一端加工成一定的形状，如为一般松软土壤，可切成斜面形。为了避免打入时受力不均使管子歪斜，也可以加工成扁尖形；如土质很硬，可将尖端加工成锥形，如图 5-17 所示。

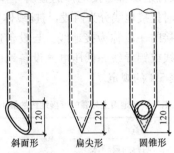

斜面形   扁尖形   圆锥形

图 5-17 接地钢管加工图

2）采用角钢时，一般选用 50mm×50mm×5mm 的角钢，切割长度一般也是 2.3m。角钢的一端加工成尖头形状，如图 5-18 所示。

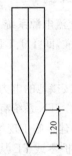

图 5-18 接地角钢加工图

接地装置设计时应优先利用建筑物基础钢筋作为自然接地体，否则应单独埋设人工接地体。垂直埋设的接地体，宜采用圆钢、钢管或角钢，其长度一般为 2.5m。垂直接地体之间的距离一般为 5m，水平埋设的接地体宜采用扁钢或圆钢。圆钢直径不应小于 10mm，扁钢截面不小于 100mm²，其厚度不小于 4mm；角钢厚度不小于 4mm；钢管壁厚不应小于 3.5mm。接地体埋设深度不宜小于 0.5～0.8m，并应远离由于高温影响土壤电阻率升高的地方。在腐蚀性较强的土壤中，接地体应采取热镀锌等防腐措施或采用铅包钢或铜包钢等接地材料。

2. 接地线

接地线是连接被接地设备与接地体的金属导体,有时一个接地体上要连接多台设备,这时把接地线分为两段,与接线体直接连接的一段称为接地母线,与设备连接的一段称为接地线。与设备连接的接地线可以是钢材,也可以是铜导线或铝导线。低压电气设备地面上外露的铜接地线的最小截面应符合表 5-4 的规定。

表 5-4　　　　　低压电气设备地面上外露的铜接地线的最小截面　　　　mm²

名　称	最小截面
明敷的裸导体	4
绝缘导体	1.5
电缆的接地芯或与相线包在同一保护外壳内的多芯导线的接地芯	1

三、低压配电系统的接地形式

低压系统是指 1kV 以下交流电源系统。我国低压配电系统的接地等采用国际电工委员会(IEC)标准,即 TN、TT、IT 三种接地形式。

1. TN 系统

TN 系统是指在中性点直接接地的电力系统中,将电气设备的外露可导电部分直接接零的保护系统。TN 系统有以下三种:

(1)TN-S 保护接零系统。建筑施工现场设有专用三相电力变压器为其提供电源,工作零线 N 和保护零线 PE 从变压器工作接地线或变压器总配电房总零母排处分别引出,如图 5-19 所示。正常时仅 N 线上才有不平衡电流,PE 上没有电流,对地也没有电压。相线对地短路,中性线点位偏移均不波及 PE 线的电位,故应用最广。

当三相用电设备不平衡时,只会在工作零线上产生电位差,而各用电设备外壳则通过保护零线 PE 与变压器中性点连接仍将维持零电位,不会产生危险电压;同时由于工作零线和保护零线分开后,可以安装多级电流型漏电保护装置,做到多级分片保护。

(2)TN-C 保护接零系统。在 380V/220V 三相四线制低压供电电网中,当采用 TN-C 保护接零系统时,如图 5-20 所示,由于工作零线和保护零线未分开设置合二为一,因此当有单相设备工作或三相负荷不平衡时,零线上有工作电流通过;如有设备发生故障使外壳带电时,零线中有单相短路电流通过,这时都有可能产生危险对地电压。假如零线断裂则后果更为严重,所有保护接零设备外壳都将带电,极易发生触电事故,因而在施工现场不能采用 TN-C 系统。

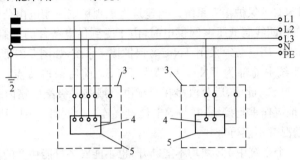

图 5-19　TN-S 系统

1—电源;2—电源端接地点;3—用户的电气装置;
4—电气装置中的设备;5—外露可导电部分

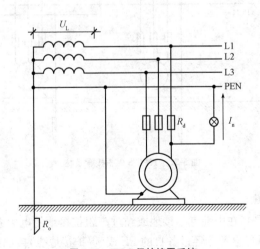

图 5-20　TN-C 保护接零系统

　　在采用保护接零的低压中性点直接接地的 380V/220V 的三相四线制供电电网中,将零线上的一处或多处通过接地装置与大地再次连接,称

为重复接地。重复接地对保护接零的安全技术措施起着重要作用,主要反映在下面几方面:

　　1)当零线断裂时能起到保护作用。

　　2)能使设备碰壳时短路电流增大,加速线路保护装置的动作。

　　3)降低零线中的电压损失

　　(3)TN-C-S保护接零系统。当建筑施工现场临时用电由公用380V/220V的三相四线制低压电网供电时,由于受到供电条件的限制,则建筑施工现场临时用电必须采用TN-C-S保护接零系统,如图5-21所示。

　　TN系统中前部为TN-C,后部为TN-S。前后两段特点,分别同于TN-C和TN-S。此前、后分段多在总配电箱或某一级配电箱内端子排上进行。此地应作重复接地,并与等电位电气连通。同时,N线、PE线分开后,任何情况都不能再合并。

　　上述3个系统中PE线均不能断开,也不能安装可能切断的开关。

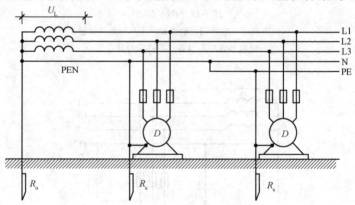

图5-21　TN-C-S保护接零系统

2. IT 系统

　　IT系统是指在中性点不接地或经过高阻抗接地的电力系统中,用电设备的外露可导电部分经过各自的PE线(保护接地线)接地如图5-22所示,在IT系统中必须设置漏电保护器,以便在发生单相接地时切断电路,及时处理。此方式供电距离不长时,供电可靠性高,安全性好。一般用于不允许停电的场所及要求严格连续供电的地方,如电炉炼钢、大医院手术室、地下矿井等。

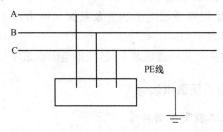

图 5-22　IT 系统

3. TT 系统

TT 系统是指在电源(变压器)中性点直接接地的电力系统中,电气设备的外露可导电部分,通过各自的 PE 线直接接地的保护系统,如图 5-23所示,一般情况下,在施工现场不宜采用 TT 保护系统。

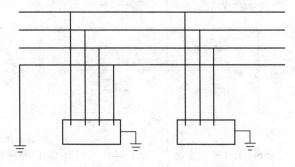

图 5-23　TT 系统

四、建筑接地设计要点

(1)接地设计的等级及相应措施必须严格按相应规范执行。

(2)设计中防雷接地、变压器中性点接地、电气安全接地以及其他需要接地设备的接地,多共用接地装置。

(3)接地电阻值。

1)高压与低压电力设备共用接地装置时,接地电阻不大于 4Ω;

2)仅用于高压电力设备的接地装置,接地电阻不大于 10Ω;

3)低压电力设备 TN-C 系统中电缆和架空线在建筑物的引入处,

PEN线应重复接地,其接地电阻不应大于10Ω;

4)当火灾自动报警系统电子装置及系统与电力设备共用接地装置时,接地电阻不应大于1Ω。

(4)多种接地系统共同接地装置时,接地电阻取最小值。

五、建筑接地工程图识读

1. 防雷接地工程图中的符号

防雷接地工程图中常用的符号,见表5-5。

表5-5　　　　　　　　防雷接地工程图中常用符号

序号	名　称		符　号	说　明
1	避雷针		●	
2	避雷带(线)		 ─×──×─	
3	接地装置	有接地极	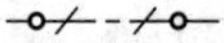 ─o／─·─o／─o	
		无接地极	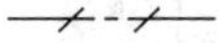 ─／─·─│	
4	接地一般符号		⏚	如表示接地状况或作用不够明显,可补充说明
5	无噪声(抗干扰)接地		⏚	
6	保护接地		 ⏚	本符号可用于代替序号5符号,以表示具有保护作用,例如在故障情况下防止触电的接地

续表

序号	名　称	符　号	说　明
7	接机壳或底板		
8	等电位		
9	端子	°	
10	端子板	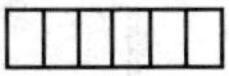	可加端子标志
11	等电位联结 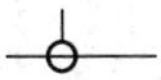		
12	易爆房间的等级符号	含有气体或蒸气爆炸性混合物　⓪区 ①区 ②区	
		含有粉尘或纤维爆炸性混合物　⑩区 ⑪区	
13	易燃房间的等级符号	㉑区 ㉒区 ㉓区	

2. 建筑接地工程图识读实例

某变电站接地平面图,如图 5-24 所示。从图中可以看出接地系统的布置,沿墙的四周用 25mm×4mm 的镀锌扁钢作为接地支线,40mm×4mm 的镀锌扁钢为接地干线,接地体为两组,每组有三根 G50 的镀锌钢管,长度为 2.5m。变压器利用轨道接地,高压柜和低压柜通过 10♯槽钢支架接地。变电站电气接地的接地电阻不大于 4Ω。

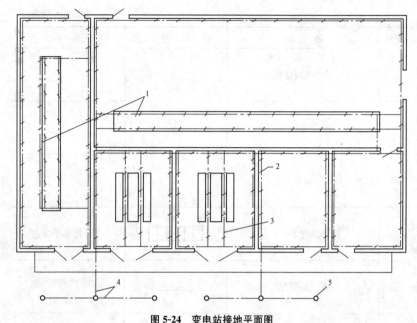

图5-24　变电站接地平面图
1—10# 槽钢支架接地；2—25mm×4mm 镀锌扁钢；3—变压器轨道接地；
4—40mm×4mm 镀锌扁钢；5—G50mm 镀锌钢管为接地体

第五节　等电位联结工程图识读

等电位联结是将分开的设备和装置的外露可导电部分用等电位联结导体或电涌保护器连接起来，使它们的电位基本相等。这种连接降低甚至消除了电位差，保证人身、设备安全。

一、等电位联结的作用

等电位联结是用连接导线或过电压（电涌）保护器，将处在需要防雷空间内的防雷装置和建筑物的金属构架、金属装置、外来导线、电气装置、电信装置等连接起来，形成一个等电位联结网络，以实现均压等电位。

建筑物的低压电气装置应采用等电位联结的作用主要表现为：

（1）降低建筑物内间接接触电压和不同金属物体间的电位差。

（2）避免自建筑物外经电气线路和金属管道引入的故障电压的危害。

(3)减少保护电器动作不可靠带来的威胁和有利于避免外界电磁场引起的干扰,改善装置的电磁兼容性。

二、等电位联结的分类

等电位联结可分为:总等电位联结、辅助等电位联结和局部等电位联结三种。

1. 总等电位联结

总等电位联结简称 MEB,能够降低建筑物内间接接触电击的接触电压和不同金属部件间的电位差,并消除自建筑物外经电气线路和各种金属管道引入的危险故障电压的危害,它应通过进线配电箱近旁的总等电位联结端子板(接地母排)将下列导电部位互相连通:

(1)进线配电箱的 PE(PEN)母排。

(2)公用设施的金属管道如上水、下水、热力、燃气等管道。

(3)建筑物金属结构。

(4)如果建筑物设有人工接地极,也包括接地极引线。

建筑物每一电源进线都应做等电位联结,各个总等电位联结端子板应互相连通。接地端子板安装方式,如图 5-25 所示。

2. 辅助等电位联结

辅助等电位联结简称 LEB,将两导电部分用电线直接作等电位联结,使故障接触电压降至接触电压限值以下。

下列情况需作辅助等电位联结:

(1)电源网络阻抗过大,使自动切断电源时间过长,不能满足防电击要求时。

(2)自 TN 系统同一配电箱供给固定式和移动式两种电气设备,而固定式设备保护电器切断电源时间不能满足移动式设备防电击要求时。

(3)为满足浴室、游泳池、医院手术室等场所对防电击的特殊要求时。

3. 局部等电位联结

在局部场所范围内,将各种可导电物体与接地线或 PE 线连接,称为局部等电位联结。可通过局部等电位联结端子板将 PE 母线(或干线)、金属管道、建筑物金属体等互相连通。

下列情况需作局部等电位联结:

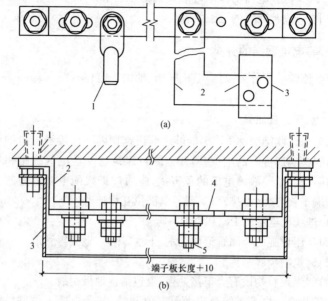

(a)

(b)

图 5-25　接地端子板安装方式

(a)正视；

1—接线端子；2—镀锌扁钢或铜带；3—分支连接；

(b)俯视；

1—膨胀螺栓；2—扁钢支架；3—保护罩；4—端子板；5—螺栓、螺母、垫圈

（1）当电源网络阻抗过大，使自动断开电源时间过长，不能满足防电击要求时。

（2）由 TN 系统同一配电箱供电给固定式和移动式两种电气设备，而固定式设备保护断开电源时间不能满足移动式设备防电击要求时。

（3）为满足浴室、游泳池、医院手术室、农牧业等场所对防电击的特殊要求时。

（4）为避免爆炸危险场所因电位差产生电火花时。

三、等电位联结线截面要求

建筑物等电位联结线截面要求，见表5-6。

表 5-6　　　　　　　　　　　　建筑物等电位联结线截面要求

类别 取值	总等电位联结线	局部等电位联结线	辅助等电位联结线	
一般值	不小于 0.5 倍进线 PE（PEN）线截面	不小于 0.5 倍 PE 线截面①	两电气设备外露导电部分间	1 倍较小 PE 线截面
			电气设备与装置外可导电部分间	0.5 倍 PE 线截面
最小值	6mm² 铜线或相同电导值导线②	同右	有机械保护时	2.5mm² 铜线或 4mm² 铝线
			无机械保护时	4mm² 铜线
	热镀钢锌圆钢 φ10 扁钢 25mm×4mm		热镀钢锌圆钢 φ8 扁钢 20mm×4mm	
最大值	25mm² 铜线或相同电导值导线②	同左	—	

① 局部场所内最大 PE 截面。

② 不允许采用无机械保护的铝线。

四、建筑物等电位联结方法

1. 防雷等电位联结

在防雷区交界处的等电位联结要考虑建筑物内的信息系统,在那些对雷电电磁脉冲效应要求最小的地方,等电位联结带最好采用金属板。对于信息系统的外露导电物应建立等电位联结网,原则上一个等电位联结网不需要直接连在大地,但实际上所有等电位联结网都有通大地的连接。以下给出了系统等电位联结的几种示例。

(1)当外来导电物、电力线、通信线是在不同位置进入该建筑物时,则需要设若干等电位联结带,它们应就近联到环形接地体,以及连到钢筋和金属立面,如图 5-26 所示。

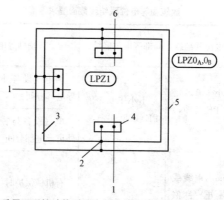

图 5-26　采用环形接地体时外来导电物在地面多点进入的等电位联结

1—外来导电物；2—钢筋的等电位联结；3—钢筋混凝土墙；
4—等电位联结带；5—环形接地体；6—电力或通信线路

（2）如果没有安装环形接地体，这些等电位联结带应连至各自的接地体并用一内部环形导体将其互相连起来，如图 5-27 所示。

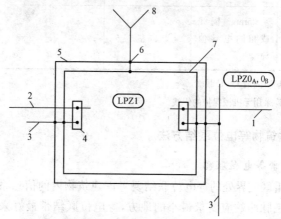

图 5-27　采用一内部环形导体时外来导电物在地面多点进入的等电位联结

1—外来导电物；2—电力或通信线路；3—局部接地体；4—等电位联结带；
5—钢筋混凝土墙；6—钢筋的等电位联结；7—内部环形导体；8—其他接地体

（3）对在地面以上进入的导电物，等电位联结带应连到设于墙内或墙外的水平环形导体上。当有引下线和钢筋时，该水平环形导体要连到引下线和钢筋上，如图 5-28 所示。

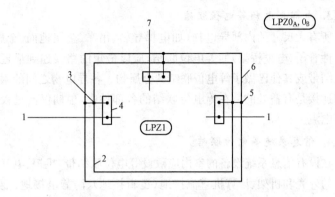

图 5-28　外来导电物在地面以上多点进入的等电位联结

1—外来导电物；2—钢筋混凝土墙；3—钢筋等电位联结；4—等电位联结；

5—引下线；6—水平环形导体（也可设在内部）；7—电力或通信线路

2. 过电压保护器等电位联结

过电压保护器等电位联结方法，如图 5-29 所示。

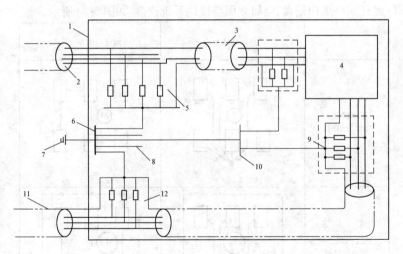

图 5-29　过电压保护器的等电位联结图

1—外墙；2—电源电缆；3—过电压保护器；4—微机设备；

5—避雷器；6—接地母板；7—保护接地；8—总等电位联结线；

9—过电压保护器；10—局部等电位联结端子板；11—信号电缆；12—避雷器

3. 内部导电物等电位联结

所有大尺寸的内部导电物(如电梯导轨、吊车、金属地面、金属门框、服务性管子、电缆桥架)的等电位联结,应以最短的路线连到最近的等电位联结带或其他已做了等电位联结的金属物。各导电物之间的附加多次互相连接是有益处的。在等电位联结的各部件中,预期仅流过较小部分的雷电流。

4. 信息系统等电位联结

在设有信息系统设备的室内应敷设等电位联结带,机柜、电气及电子设备的外壳和机架、计算机直流接地(逻辑接地)、防静电接地、金属屏蔽线缆外层、交流地和对供电系统的相线、中性线进行电涌保护的 SPD 接地端等均应以最短的距离就近与这个等电位联结带直接连接。连接的基本方法应采用网型(M)结构或星型(S)结构。小型计算机网络采用 S 型连接,中、大型计算机网络采用 M 型网络。在复杂系统中,两种型式(M 型和 S 型)的优点可组合在一起。网型结构的等电位联结带应每隔 5m 经建筑物墙内钢盘、金属立面与接地系统连接,如图 5-30 所示。

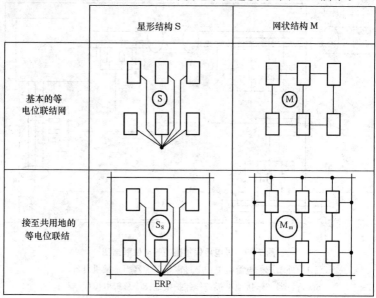

图 5-30　信息系统等电位联结

五、等电位联结工程图实例

图 5-31、图 5-32 是一栋住宅楼的供电系统图和首层平面图,由图5-31可知,总等电位联结箱 MEB 在电源线进线位置,MEB 向内装有等电位连接端子板,MEB 箱与配电箱 T3、与电气接地装置均使用接地母线连接。

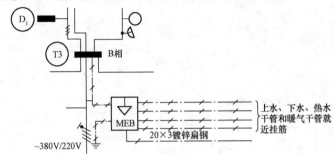

图 5-31　供电系统中的总等电位联结图

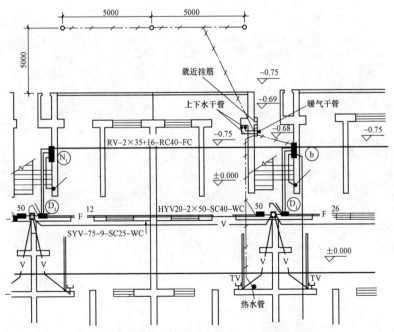

图 5-32　总平面图中的总等电位联结

　　由图 5-32 可知单元门口右侧是配电箱,左侧是 MEB 箱,接地装置使用三根接地体,接地体距建筑物 5000mm 埋设,接地体间距也为 5000mm。接地体用接地母线连接并接入到 MEB 箱。在 MEB 箱附近有暖气干管和上下水干管,并就近与建筑物内钢筋连接。热水管在下面距 MEB 箱较远的位置。MEB 箱与配电箱间用接地母线连接。

第六章　建筑电气设备控制工程图识读

在建筑工程中,许多设备都是由电动机拖动的。这些设备的上升、下降、前进、后退、启动、停止、加速、减速等机械运动,需要通过控制电动机的工作状态和运行方式来完成。对电动机以及其他用电设备都需要对其运行方式进行控制,从而形成了各种控制系统。

在电气工程中,对电动机和其他用电设备运行方式的控制,也是保证设备正常安全运行,保证产品质量的关键。对电动机及其他用电设备的供电和运行方式进行控制的图纸,称为控制电路图。用来指导控制线路安装、接线和维修的图纸,称为控制接线图。控制电路图是使用最多、最常见的电气工程图。

第一节　电气控制图基本元件及表示方法

电气控制电路是用导线将电机、电器、仪表等电气元件连接起来,并实现某种要求的电气线路。电气控制电路应根据简明、易懂的原则,用规定的方法和符号来测绘。

一、行程开关

行程开关又叫限位开关或位置开关,是一种将机械信号(如行程、位移)转化为电气开关信号的电器,工作原理类似于按钮,是依靠机械的行程和位移碰撞,使其接点动作。按照其安装位置和作用的不同,分为限位开关、终点开关和方向开关。行程开关一般有一对常开触头和一对常闭触头,其图形符号见图 6-1。

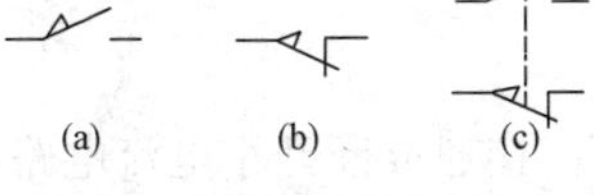

(a)　　　　　(b)　　　　　(c)

图 6-1　行程开关图形表示法

(a)常开接点;(b)常闭接点;(c)联动接点

常用行程开关型号的含义如下：

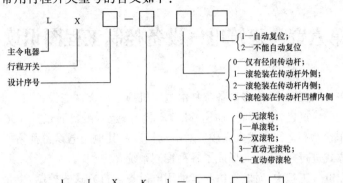

二、转换开关

转换开关是用在交、直流电路中的主要低压开关电器，又称为控制开关。适用于各种高低压开关(油开关、隔离开关)远距离控制、电气仪表测量、控制回路中各种工作状态的切换以及小容量电动机的启动、换向、变速开关等。转换开关的图形符号如图 6-2 所示。

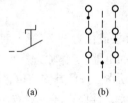

(a)　　　　　(b)

图 6-2　转换开关的图形符号

三、控制按钮

控制按钮是一种短时接通或断开小电流电路的电器，它不直接控制主电路的通断，而是在控制电路中发出"指令"控制接触器，再由接触器控制主电路。控制按钮由按钮帽、弹簧、静触点和动触点组成。控制按钮的图形符号如图6-3所示。

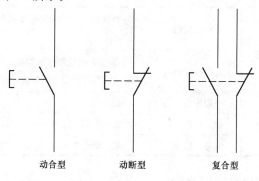

动合型　　　　　动断型　　　　　复合型

图6-3　控制按钮的图形符号

按钮的种类很多,按照结构不同,分为不带自锁机构能自动返回式和带自锁机构不能自动返回式两种;按按钮的组合形式,分为单按钮(红绿两种颜色)、双联按钮(红绿两种颜色)、三联按钮(红绿黑三种颜色)和多联按钮。控制按钮的种类很多,其分类及特点见表6-1。

表 6-1　　　　　　　　　　　控制按钮的分类及特点

序号	分　类		特　点
1	安装方式	固板安装按钮	开关板,控制台上安装固定用
		固定安装按钮	底部有安装固定孔
2	保护方式	开启式按钮	无防护外壳,适用于嵌入在面板上
		保护式按钮	有保护外壳,可防止偶然触及带电部分
		防水式按钮	有密封外壳,可防止明水等入侵
		防腐式按钮	有密封外壳,可防止腐蚀性气体等入侵
3	操作方式	按压操作	按压操作
		旋转操作　手柄式	用手柄旋转操作,有两个或三个位置
		旋转操作　钥匙式	用钥匙插入旋转操作,可防止错误操作
		拉式	用拉杆进行操作,有自锁和自动复位两种
		方向操纵杆式	操纵杆可以向任何方向动作来进行操作

续表

序号	分　类		特　点
4	复位性	自复位按钮	外力移放后,按钮在弹簧的作用下将回复原位
		自保持按钮	内部有电磁或者机械结构,当按下后,在撤去外力时按钮不会自行复位,继续保持
5	结构特征	一般按钮	一般结构
		带灯按钮	按钮内装有信号灯,操作信号灯使用
		紧急式按钮	一般有蘑菇头突出,作紧急时切断电源用

控制按钮的型号含义如下：

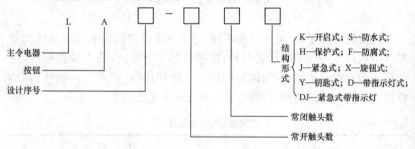

四、接触器

接触器是用来接通或断开主电路的控制电器,是自动控制电路的核心器件,控制电路各个环节的工作大多数是通过接触器的通断实现的,其特点是动作迅速,操作方便,便于远程控制,但是噪声大,寿命较短。由于它只能接通和分断电流,不具备短路保护功能,所以必须与熔断器、热继电器等保护电器配合使用。接触器种类很多,根据使用电路不同分为直流接触器和交流接触器。

接触器主要由主触头、辅助触头、电磁机构(电磁铁和线圈)、灭弧室及外壳组成。主触头用在主电路中,通过较大工作电流。线圈和辅助触头连接在二次控制回路中,起控制和保护作用。当电磁机构通电吸合时,常开主触头和常开辅助触头接通,常闭主触头和常闭辅助触头分断;当电磁机构断电释放时,则相反。其图形符号如图 6-4 所示。

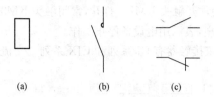

图 6-4　线圈、主接点、辅助接点的图形符号

(a)线圈；(b)主接点；(c)辅助接点

如图 6-5 所示为表示交流接触器主触头、线圈、辅助触头在控制电路中基本作用的示意图。在该图中，主触头串接在 380V 主电路中，用来接通或分断用电设备，线圈接在 220V 控制电路中，辅助接点可接在 6.3V 信号灯电路中。可以看出，主触头、线圈、辅助触头可以分接在不同电压等级的不同控制回路中。

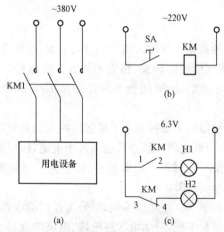

图 6-5　交流接触器接线示意图

它们之间的动作关系是这样的，当合上开关 SA 时，交流接触器线圈 KM 与 220V 电源接通，其电磁铁动作，带动主触头 KM 闭合，使用电设备与 380V 电源接通与工作。与此同时，辅助常开接点 KM1-2 闭合，H1 信号灯得到 6.3V 电源，灯亮，表示用电设备正在工作。当打开开关 SA 时，接触器线圈断电释放，电磁铁复位，主触头 KM 断开，表示用电设备停止工作。这时,辅助常开触头 KM1-2 打开,常闭触头 KM3-4 闭合,H1 信号灯灭,H2 信号灯亮,表示用电设备停止工作。

　　我国常用交流接触器有 CJ 系列和 CJX 系列。交流接触器型号的含义如下:

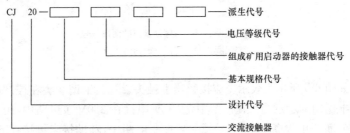

　　常用交流接触器的额定电流有 5A、10A、20A、40A、75A、120A 等,线圈的额定电压一般为工频 220V 和 380V 交流电。

五、继电器

　　继电器是一种根据外界输入信号(电压、电流、时间等)来控制电路自动切换的电器,实现信号的转换、传输和放大。在这些信号的作用下,其输出均为继电器触点的动作(闭合或断开)。继电器在电路中起控制、放大和保护的作用。

　　继电器与接触器的主要区别在于接触器的主触点可以通过大电流驱动各种功率元件;而继电器的触点只能通过小电流,所以继电器只能为控制电路提供控制信号。对于小功率器件(数十瓦),可直接使用继电器驱动,如信号灯、小电动机等。

　　继电器的种类很多。按功能不同,可分为控制继电器和保护继电器;按使它动作的物理量不同,分为电压继电器、电流继电器、功率继电器、温度继电器、速度继电器、水位继电器等;按作用原理不同,可分为电磁继电器、电热继电器、电动继电器、电子继电器等,其中电磁继电器又可分为电压继电器、电流继电器、时间继电器及中间继电器等;按动作时间的长短,还可分为瞬时继电器和延时继电器。下面简单介绍几种常用继电器。

1. 热继电器

　　热继电器是利用电流的热效应来反映被控制对象发热情况的电器。在连续运行的电动机电路中,为了保护电动机过载,一般都采用热继电器。热继电器是由膨胀系数不同的双金属片、热元件和动触点三个主要部分组成,热元件有两相式和三相式,但接点一般只有一对或两对。热继电器的图形符号,如图 6-6 所示。

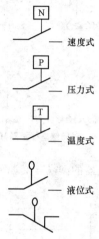

图 6-6　热继电器图形符号

目前,我国常用的热继电器的系列有 JR15、JR16、JR20 等。热继电器型号的含义如下:

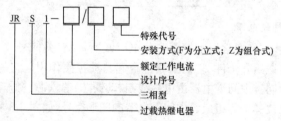

2. 时间继电器

时间继电器是接受信号后其工作触头不立即动作,而是经过一定时间(延时)后其工作触头才动作。延时的时间长短可按工作需要进行调节。它在自动控制系统中应用较多。时间继电器的种类较多,有空气阻尼式、电磁式、电动式及晶体管式等几种。其中,广泛使用的为空气阻尼式时间继电器。

我国常用的空气阻尼式时间继电器有 JS7、JS16、JS23 等系列。时间继电器的图形符号,如图 6-7 所示。

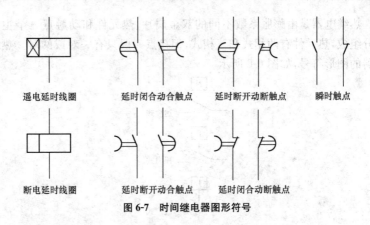

遥电延时线圈　　延时闭合动合触点　　延时断开动断触点　　瞬时触点

断电延时线圈　　延时断开动合触点　　延时闭合动断触点

图 6-7　时间继电器图形符号

其中,JS7 系列时间继电器的型号含义如下:

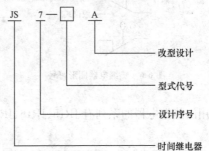

JS 7 □ A

改型设计

型式代号

设计序号

时间继电器

3. 中间继电器

中间继电器,通常用于控制各种电磁线圈,使有关信号放大,也可将信号同时传送给几个件,它们互相配合起自动控制作用。它的工作原理与接触器相同。中间继电器由电磁线圈、动铁芯、静铁芯、触点系统、反作用弹簧和复位弹簧等组成。中间继电器的图形符号,如图 6-8 所示。

中间继电器　　　动合触点　　　动断触点

图 6-8　中间继电器的图形符号

中间继电器型号的含义如下：

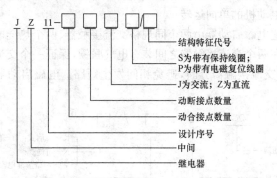

结构特征代号

S为带有保持线圈；
P为带有电磁复位线圈

J为交流；Z为直流

动断接点数量

动合接点数量

设计序号

中间

继电器

4. 速度继电器

速度继电器是用来反映电动机等旋转机械的转速和转向变化的继电器。速度继电器通常和接触器等配合用于实现电动机的反接制动控制，也称反接制动继电器。速度继电器的图形符号，如图6-9所示。

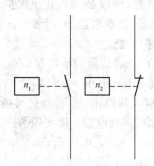

图6-9　速度继电器的图形符号

六、启动器

启动器是用来控制电动机启动和停止的一种电器。常见的有电磁启动器、Y/△启动器和自耦补偿启动器。

1. 电磁启动器

电磁启动器由交流接触器、热继电器和一个公共的外壳组成，其中热继电器作为过载保护，接触器本身则兼作失电压或低电压保护。电磁启动器分为不可逆和可逆两种类型。

(1)不可逆电磁启动器由一个交流接触器、一个热继电器和两个按钮组成,控制电动机的单向运转。

(2)可逆电磁启动器由两个同规格交流接触器、两个热继电器和三个按钮组成,在两个交流接触器之间装有电气联锁,保证一个交流接触器接通时另一个交流接触器分断,避免相间发生短路。电磁启动器型号的含义如下:

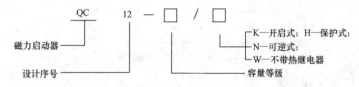

2. Y/△启动器

Y/△启动器是电动机降压启动设备之一,主要适用于定子绕组接成三角形鼠笼式电动机的降压启动。它有手动式和自动式两种。手动式Y/△启动器未带保护装置,所以必须与其他保护电器配合使用。自动Y/△启动器主要由接触器、热继电器、时间继电器等组成。自动式Y/△启动器有过载和失压保护功能。

目前,我国常用的Y/△启动器的系列有QX4、LC3-D等。QX4系列Y/△启动器适用于交流50Hz、电压380V、容量125kW及以下的三相笼型异步电动机的Y/△启动和停止,其Y/△的转换是通过一个调节范围为0.4~60s的JJSK2型时间继电器自动实现的。LC3-D系列Y/△降压启动器适用于交流50Hz或60Hz、电压至660V、电流在95A以下的电路中,它设有定时器,可自动进行Y/△转换。

3. 自耦补偿启动器

自耦补偿启动器又叫补偿器,是笼型电动机的另一种常用减压启动设备,主要用于较大容量笼型电动机的启动,它的控制方式也分为手动式和自动式两种。为了加强保护功能,在自耦补偿启动器内,备有过载和失电压保护装置。

七、低压断路器

低压断路器也称空气开关,以下简称断路器。常用的断路器为塑料外壳式,其操作方式为手动。断路器由触点、灭弧系统、脱扣器(如电流脱扣器、欠电压脱扣器等)、操作机构和自由脱扣机构等组成。其图形符号如图 6-10 所示。

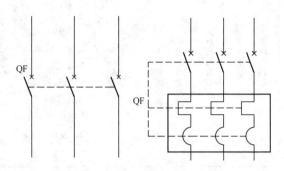

图 6-10 低压断路器的图形符号

国内常用的塑壳的断路器有 DZ5、DZ10、DZ15、DZ520 等系列,DZ15 断路器的型号含义,如图 6-11 所示。

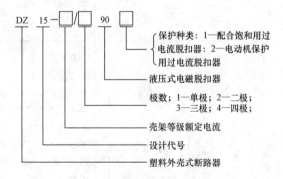

图 6-11 DZ15 断路器的型号含义

八、控制器

控制器主要用于电力传动的控制设备中,通过变换主回路、励磁回路的接法,或者变换电路中电阻接法,以控制电动机的启动、换向、制动及调整。它在起重、运输、冶金、造纸、机械制造等部门的应用十分广泛。控制器的分类及用途,见表 6-2。

表 6-2　　　　　　　　　　　控制器的分类及用途

序号	类别	型号含义	特点	用途
1	平面控制器	KP 平面控制器　□ 设计序号　□ 额定电流 1~10A 2~25A　□ 横梁移动全程时间　□ A 带控制继电器 B 不带　/　□ 线路图序号	由手柄或伺服电动机通过传动机构带动动触点,使其在平面静触点上按顺序做旋转或往复运动	连接电阻,可成电动变阻器,可调节电路中的电压、电流和励磁,从而达到调节电动机转速的目的
2	鼓形控制器	KG 鼓形控制器　□ "J"交流 "Z"直流　□ 设计序号　-　□ 额定电流　/　□ 线路特征代号	触点滑动摩擦、接触磨损大、操作频率低,分析能力差	用于冶金、起重或电车上的电动机启动、调速和换向
3	凸轮控制器	KT 凸轮控制器　□ 设计序号　-　□ 额定电流　□ "J"交流 "Z"直流　/　□ 线路特征代号	其手轮(柄)、外壳定位机构、接触元件、凸轮转换装置都装在绝缘方轴上。不同形状的凸轮,可使一系列的触头组按照规定顺序接通或断开电路。触头采用积木式,双排布置,结构紧凑,装配方便,便于维修	主要用于起重设备中的交流或直流电动机的启动、调速、换向、制动和停止;也适用于要求相同的其他电力驱动装置,如卷扬机、绞车、挖掘机、电车等

第二节　基本电气控制电路图识读

一、电气控制电路图的特点

电气控制图是根据简单清晰、便于读者读图和分析的原则绘制的,图纸中的元件位置并不依据实际位置绘制,并且只画出需要的电器元件和接线端子。

电路图分主路和辅助电路两大部分,主电路是电气控制中强电流通过的部分,由电源电路、保护电路以及触点元件等组成;辅助电路有电源电路、控制电路、保护电路,由接触器线圈、继电器线圈及所带的动合触点元件组成等。主电路用粗实线画出,辅助电路一般用细实线画出。

电气控制电路图的特点如下:

(1)主电路用粗线,辅助电路用细线。

(2)控制电路应平行或垂直排列,主电路在图纸的左侧(或下方)。

(3)控制电路应尽量避免交叉,并尽可能按照工作顺序排列,由左到右,由上到下,两根以上电气连接点用圆黑点或圆圈表示。

(4)图中的每个电气元件和部位都用规定图形符号来表示,并在图形符号旁标注文字符号或项目代号,说明元件所在的层次、位置和种类。

(5)电器的各个元件和部位,在控制图中依照便于阅读来安排,同一电器元件的各个部位可以不画在一起,但使用同一文字符号标注,不需要的部分可以不画出。

(6)图中所有电器连接线均要标注编号,控制回路用数字从上至下编号,以便安装调试检修。

(7)图中所有电器触点是以没有通电或没有外力作用下的状态画出。

如图 6-12 所示为 C630 车床电气控制电路图,其主电路是 L1、L2、L3 三相电源经刀开关 QS1,接触器 KM 主触点到电动机 M1、电动机 M2 通过 QS2 控制。

图 6-12 中,接触器 KM 的线圈、主触点、辅助常开触点按展开绘制,接触器 KM 辅助常开、常闭触点有 4 对,图中只画出 1 对。每个电器元件和部件都用规定图形符号来表示,并在图形符号旁标注文字符号或项目

代号,说明电器元件所在的层次、位置和种类。所有电器触点都按没有通电和没有外力作用时的开闭状态画出,线路应平行、垂直排列,各分支线路按动作顺序从左到右,从上到下排列:两根以上导线的电气连接处用圆黑点或圆圈标明。为了便于安装、接线、调试和检修,电器元件和连接线均可用标记编号,主回路用字母加数字,控制回路用数字从上到下编号。

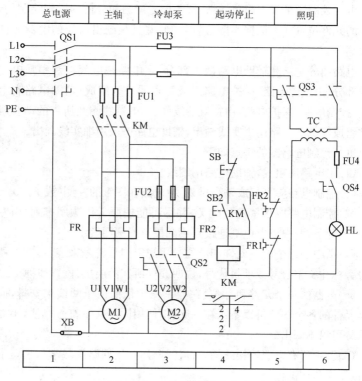

图 6-12　C630 车床电气控制电路图

二、阅读电路图基本方法

(1)对控制电路图中所采用的电器元件必须有充分的了解,熟悉其工作性能、技术参数、图纸上的表示方法。

(2)对控制电路图所属的主控设备要有所了解,了解其基本结构、性能、特点及工作状况,了解该设备内部电机之间的关系,以及其他被控设备之间的关系及工作情况。

(3)所有复杂的控制电路都包含了许多最基本的电路,只要熟悉掌握了各种基本电路,如正反转控制电路、联锁电路(自锁、互锁)、点动控制电路、降压启动电器、调速控制电路、制动控制回路等,就可以化难为易,读懂控制电路图。

(4)区分控制电路图的基本环节,对于理解、分析控制原理是十分重要的。在每个控制电路中,为实现某种功能都有若干个电器元件组合在一起。

(5)电气控制图是根据识图方便的原则绘制的,电器元件的各部件在控制电路中可以不画在一起,可以只画控制电路中所需要的部分。根据绘图的原则以及对各环节的分析理解,再将它们联系起来,从而分析出整个系统的原理及作用。

三、控制电路基本环节

在一个控制电路中,能实现某项功能的若干电气元件的组合,称为一个控制环节,整个控制电路就是由以下控制环节有机地组合而成的。

(1)电源环节。电源环节包括主电路供电电源和辅助电路工作电源,由电源开关、电源变压器、整流装置、稳压装置、控制变压器、照明变压器等组成。

(2)保护环节。保护环节由对设备和线路进行保护的装置组成,如短路保护由熔断器完成,过载保护由热继电器完成,失压、欠压保护由失压线圈(接触器)完成。另外,有时还使用各种保护继电器来完成各种专门的保护功能。

(3)启动环节。启动环节是对控制电路及电气设备进行短路保护、失电压保护、过载保护等,包括直接启动和减压启动,由接触器和各种开关组成。

(4)运行环节。运行环节是电路的基本环节,其作用是使电路在需要的状态下运行,包括电动机的正反转、调速等。

(5)停止环节。停止环节的作用是切断控制电路供电电源,使设备由运转变为停止。停止环节由控制按钮、开关等组成。

(6)制动环节。制动环节的作用是使电动机在切断电源以后迅速停止运转。制动环节一般由制动电磁铁、能耗电阻等组成。

（7）自锁及联锁环节。联锁环节实际上也是一种保护环节。由工艺过程所决定的设备工作程序不能同时或颠倒执行，通过联锁环节限制设备运行的先后顺序。联锁环节一般通过对继电器接头和辅助开关的逻辑组合来完成。

启动按钮松开后，电路保持通电，电气设备能继续工作的电气环节叫自锁环节，如图 6-13（a）所示。两台或两台以上的电气装置、元件，为了保证设备运行的安全与可靠，只能一台通电启动，另一台不能通电起动的保护环节，叫连锁环节，如图 6-13（b）所示。

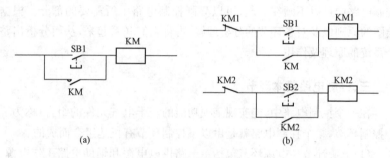

图 6-13　自锁与互锁电路
(a)含有自锁环节；(b)含有自锁和互锁环节

（8）信号环节。信号环节是显示设备和线路工作状态是否正常的环节，一般由蜂鸣器、信号灯、音响设备等组成。

（9）手动工作环节。电气控制线路一般都能实现自动控制，为了提高线路工作的应用范围，适应设备安装完毕及事故处理后试车的需要，在控制线路中往往还设有手动工作环节。手动工作环节一般由转换开关和组合开关等组成。

四、基本控制电路图分析

建筑电气设备控制系统都是由多种基本电路组成的。在电气控制电路中，最常见的是各种电动机控制线路。下面介绍几种三相异步电动机的基本控制电路。

1. 点动控制电路

在生产实际中,有些机械需要点动控制。图 6-14 是三相异步电动机点动控制电路。它由电源开关 QF、点动按钮 SB、接触器 KM 等组成。工作时,合上电源开关 QF,为电路通电做好准备,启动时,按下点动按钮 SB,交流接触器 KM 的线圈流过电流,电磁机构产生电磁力将铁心吸合,使三对主触点闭合,电动机通电转动。松开按钮后,点动按钮在弹簧作用下复位断开,接触器线圈失电,三对主触点断开,电动机失电停止转动。

点动按钮控制的是接触器线圈的小电流,而通过接触器控制的是主电路的大电流,这就达到了用小电流控制大电流的目的。此外,按钮的接线可以很长,就可以实现人机分离的远距离控制。

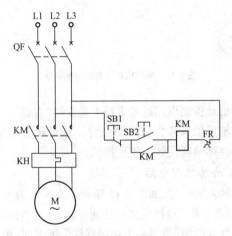

图 6-14　点动控制电路

2. 电动机直接启动控制电路

电动机直接启动控制电路,如图 6-15 所示。启动电动机时,先合上开关 QF,使电源接通,按下启动按钮 SB2,接触器 KM 吸引线圈带电,其主触点 KM 吸合,电动机启动,因 KM 的自锁触点并联于 SB2 两端,当松手启动按钮时,吸引线圈 KM 通过其自锁触点维持通电吸合;停止时,按下 SB1 停止按钮,接触器 KM 吸引线圈失电,其主触点断开,电动机失电停转。

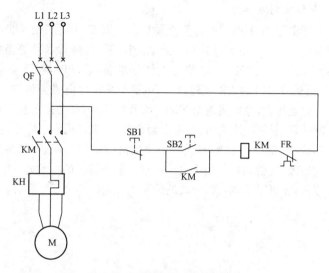

图 6-15　电动机直接启动控制电路

电动机直接启动控制电路的最大特点是能够"自锁"。所谓"自锁"是指接触器利用其辅助触头来保持线圈吸合。这个触头叫做"自锁"触头。此电路适用于需连续单向运转的生产机械。

3. 电动机正反转控制电路

电动机正反转控制电路,如图 6-16 所示。当接触器 KM1 工作时,如果接触器 KM2 动作,两只接触器同时接通电源,就会造成电源两相短路。为了避免出现这种危险情况,当一个接触器线圈通电时,绝不允许另一只接触器线圈通电。正确的做法是,利用启动按钮中的常闭触头,把启动按钮 SB2 的常闭触头接到接触器 KM2 的线圈回路中去,另一只启动按钮 SB3 的常闭触头接到接触器 KM1 的线圈回路中去,这样,按动启动按钮 SB3 时,由于按钮中的常闭触头先断开,就会先把接触器 KM1 线圈的电源断开,电动机会停转,再继续按下去,接触器 KM2 才会通电,主触头闭合,使电动机按与原来转向相反的方向转动。

电动机正反转控制电路的最大特点是正、反运转的操作比较方便。在电动机正转时可直接按反转启动按钮,使电动机反转,换向时不再用停止按钮。由按钮直接控制电动机正反转比辅助触头联锁间接控制要方便得多。另外,由于按钮的相互联锁,保证了正、反向两个接触器不会同时通电,从而避免了相间短路事故。

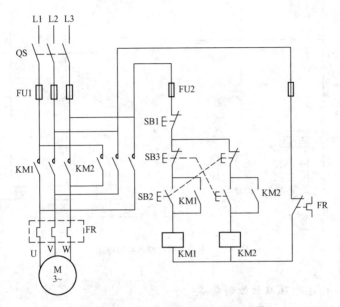

图 6-16　电动机正反转控制电路

4. 电动机能耗制动控制电路

电动机能耗制动控制电路,如图 6-17 所示。它是通过将定子绕组断开交流电的同时通以直流电来实现能耗制动的。合上电源开关 QF,按下启动按钮 SB1,接触器 KM1 得电自锁,主触头闭合,电动机运转。当需要电动机停止运行时,按下停止按钮 SB2(必须按到底),SB2 的常闭触点切断接触器 KM1 的控制回路,使接触器 KM1 失电并释放。这时电动机虽然被切断电源,但由于惯性还在旋转。SB2 的常开触点接通了接触器 KM2 的控制回路,使接触器 KM2 得电后短时吸合。这时经整流的直流电源被通入电动机的两相定子绕组。由于直流电产生恒定磁场,电动机转子切割恒定磁场的磁力线而产生感应电流,截流导体与恒定磁场相互作用,产生与转子旋转方向相反的制动转矩,使电动机迅速制动。

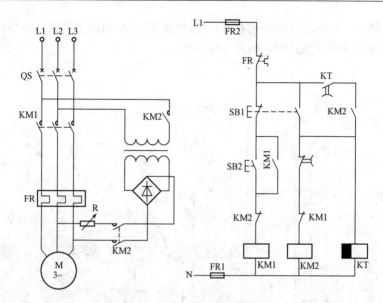

图 6-17　电动机能耗制动控制电路

5. Y/△降压启动控制电路

Y/△降压启动控制电路适用于运行时定子绕组接成角形接法的三相异步电动机。如果将电机绕组接成星形连接时,每相绕组承受电压为220V相电压。启动结束后再改成三角形接法,每相绕组承受 380V 线电压,实现了降压启动的目的。

Y/△降压启动控制电路,如图 6-18 所示。图中 KM1 为启动接触器,KM2 为控制电动机绕组星形连接的接触器,KM3 为控制电动机绕组三角形连接的接触器。时间继电器 KT 用来控制电动机绕组星形连接的启动时间。启动时,先合上低压断路器 QF,按下启动按钮 SB2,接触器KM1、KM2 和时间继电器 KT 的线圈同时通电,KM1、KM2 铁芯吸合,KM1、KM2 主触头闭合,电动机定子绕组 Y 接启动。KM1 的常开触点闭合自锁,KM2 的动断触点断开互锁。电动机在 Y 接下启动,待延时一段时间后,时间继电器 KT 的动断触点延时断开,KM2 线圈失电,铁芯释放,触头还原;KT 的常开触点延时闭合,KM3 线圈通电,铁芯吸合,KM3主触头闭合,将电动机定子绕组接成三角形,电动机在全压状态下运行。

同时,KM3 常开触点闭合自锁,KM3 动断触点断开互锁,使 KT 失电还原。

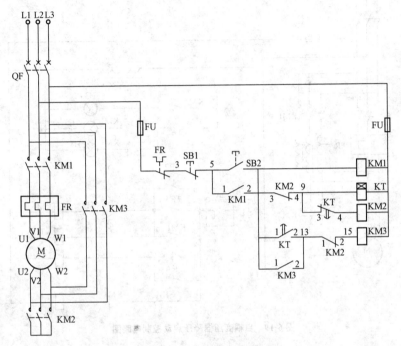

图 6-18　Y/△降压启动控制电路

6. 自耦变压器降压启动控制电路

　　电动机自耦变压器降压启动控制电路,如图 6-19 所示。在这个电路中自耦变压器专供启动时降压之用。启动时,先合上 QF 开关,接通电源,这时,H1 指示灯亮,表示电源正常,电动机处于停止状态。按下 SB2 启动按钮,KM1 线圈通电并自锁,H1 指示灯断电,H2 指示灯亮,电动机降压启动,同时,KT 时间继电器线圈得电,延时一段时间后,其常开延时接点闭合(延时时间为降压启动时间),接通 K2 线圈,常闭接点断开 KM1 线圈电路,KM2 主接点闭合保持,H3 指示灯亮,表示电机全压运行。其中 H1 为电源指示灯,H2 为电动机降压启动指示灯,H3 为电动机正常运行指示灯。虚框内的按钮为异地控制按钮。

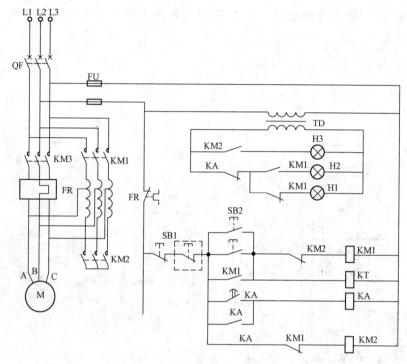

图 6-19　自耦变压器降压启动控制电路图

7. 三相绕线式异步电动机串电阻启动控制电路

三相绕线式异步电动机启动时,通常采用转子串接分段电阻来减少启动电流,启动过程中逐级切除电阻,待全部切除后,启动结束。

利用三个时间继电器依次自动切除转子电路中的三级电阻启动控制电路,如图 6-20 所示。电动机启动时,合上电源开关 QF,按下启动按钮 SB2,接触器 KM 通电并自锁,同时,时间继电器 KT1 通电,在其常开延时闭合触动点动作前,电动机转子绕组串入全部电阻启动。当 KT1 延时终了,在其常开延时闭合触点闭合,接触器 KM1 线圈通电动作,切除一段启动电阻 R1,同时接通时间继电器 KT2 线圈,经过整定的延时后,KT2 的常开延时闭合触点闭合,接触器 KM2 通电,短接第二段启动电阻 R2,同时时间继电器 KT3 通电,经过整定的延时后,KT3 的常开延时闭合触点闭合,接触器 KM3 通电动作,切除第三段转子启动电阻 R3,同时另一对 KM3

常开触点闭合自锁,另一对 KM3 常闭触点切断时间继电器 KT1 线圈电路,
KT1 延时闭合常开触点瞬时还原,使 KM1、KT2、KM2、KT3 依次断电释
放。只有 KM3 保持工作状态,电动机的启动过程才能全部结束。

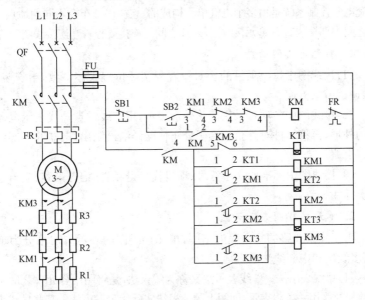

图 6-20　三相绕线式异步电动机串电阻启动控制电路

　　为了保证启动时转子全部启动电阻都能接入回路,将 KM1、KM2、
KM3 的常闭接点串连在 KM 线圈电路中。如果 KM1、KM2 和 KM3 接触
器中任一个触头因故障而没有释放,使启动电阻没有全部接入,启动时,
启动电流将会很大。在启动电路中,串入 KM1、KM2 和 KM3 的常闭接
点后,只要任一接触器没有释放,电动机就不能启动。

第三节　电气控制接线图识读

　　电气控制接线图表示成套设备、装置或元件之间的连接关系,是进行
配线、调试和维修不可缺少的图纸,是识图中重要的环节之一。
　　根据表达的对象和使用的场合不同,接线图可分为单元接线图、互连
接线图、端子接线图等。

一、单元接线图

单元接线图是一种提供本单元内部各项目间导线的连接关系的简图。一套电气控制系统是由多个电气单元构成的,它往往分布在不同的地点。单元之间内部接线查看单元接线图,外部之间的连接要查看互连接线图。

1. 单元接线图的特点

(1)接线图中每个项目的相对位置与实际位置大体一致,给安装、配线、调试带来方便。

(2)接线图中各项目采用简化外形表示,用实线或点画线表示电器元件的外形,再将元件对外全部端子分布情况详细绘制出,电器的内部细节予以简略。

(3)接线图中标准的文字符号、项目代号、导线标记等内容,应与电路图上标注一致。

2. 单元接线图表示方法

由于控制线路的复杂程度不同,单元接线图的表示方法可分为单线法、多线法和中断线法。

(1)单线表示法。单线表示法又称为线束法,是将图中各元件之间走向一致的导线用一条线表示,即图上的一根线实际代表一束线。某些导线走向不完全相同,但某一段上相同,也可以合并成一根线,在走向变化时,再逐条分出去。所以用单线图绘制的线条,可从中途汇合进去,也可从中途分出去,最后达到各自的终点各分别相连元件的接线端子,如图6-21所示。

单线法绘制的图中,容易在单线旁标注导线的型号、根数、截面积、敷设方法、穿管管径等,图面清楚,给施工准备材料带来方便,阅读方便。

(2)多线表示法。多线表示法又称为散线法,是将图中每一根电气连接线各用一条线表示,如图6-22所示。多线图表示法最接近实际,接线方便,但元件太多时,线条多而乱,不容易分辨清楚。

(3)中断线表示法。在中断线法(又称为相对标号法)表示的接线图中,只画出元件的布置,不画连接线,元件的连接关系用符号表示,通常采用相对远端标记法表示连接线的去向,如图6-23所示。这种表示方法减少了绘图量,增加了文字标注量,为施工接线查线带来方便,但不直观,对线路的走向没有明确表示,对敷设导线带来困难。

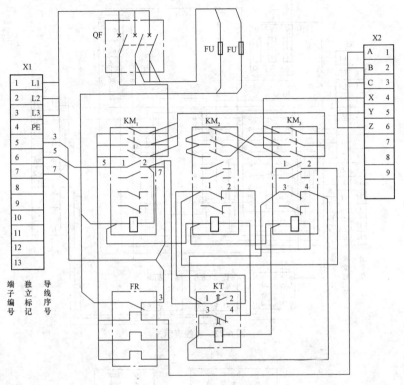

图 6-21 单线表示法

二、互连接线

对于一个电气控制系统或电气装置的运行,往往需要若干个电气单元(控制柜)或电气设备,它们之间用导线进行连接。为了施工方便,一般采用互连接线图将各设备之间的连接关系绘制出来。

互连接线图是表示多个电气设备和电气控制箱之间的连接关系,在互连接线图中为了区分电气单元接线图用点画线框架表示设备装置,不用实框线。框架内表示的是各单元的外接端子,并提供端子上所连接导线的去向,根据需要图中有时会给出相关电气单元接线图的图号。

互连接线图中导线的表示方法有三种:单线图表示法、多线图表示法和中断表示法,见表 6-3。

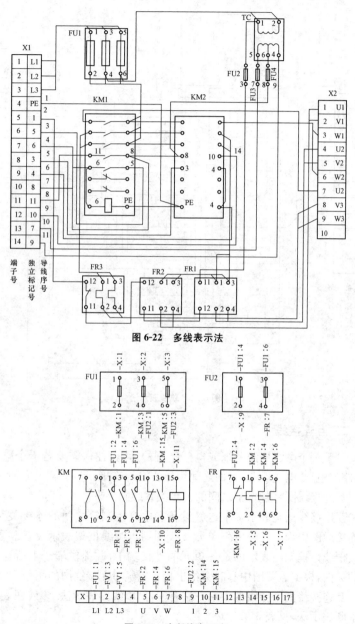

图 6-22　多线表示法

图 6-23　中断线表示法

表 6-3　　　　　　　　　　　　　互连接线图的表示方法

序号	名　称	图　　示
1	单线图 表示法	控制柜 X2 1 2 3 4 5 6 7 8 9 10 11 12 X1 1 2 3 4 5 6 7 8 9 10 11 12 操作台
2	多线图 表示法	控制柜 X2 1 2 3 4 5 6 7 8 9 10 11 12 L1 L2 L3　　　　　　　U V W X1 1 2 3 4 5 6 7 8 9 10 11 12 操作台
3	中断表示法	控制柜 1 2 3 4 5 6 7 8 9 10 11 12 13 14 102＋A3 3 2 1 1 2 3 4 5 6 7 2 1 2 1 106 104＋A2　　　　　　　　　　105 Ⓜ 103＋A3　　　　　　103 104＋A4 －A2 5 1 2 3 4 6 7 3 2 1 1 2 3 4 5 6 7 8 9 10 操作台

三、端子接线图

在建筑电气工程设计施工中,为了减少绘图的工作量,方便识图者安装、施工及检修,有时会用端子接线图来代替互连接线图,如图 6-24 所示。图中端子的位置与实际位置相对应。一般端子图表示的各单元的端子排列有规则,按纵向排列,电路图既规范,又便于读图。

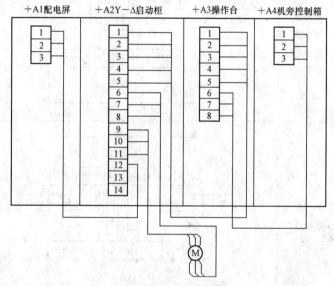

图 6-24　端子接线图

第四节　常用建筑电气设备电路图

一、双电源自动切换电路

供电系统是一个复杂的系统,系统可靠性十分重要。因此,为了防止突然停电造成损失,经常要准备备用电源。备用电源在正常供电发生故障时要能够自动接入,这就需要使用双电源和自动切换控制箱。

双电源自动切换控制电路,如图 6-25 所示。供电电源有两路:一路电源来自变压器,通过断路器 QF1、接触器 KM1,通过断路器 QF3 向负载供电。当变压器供电发生故障时,通过自动切换控制电路使 KM1 主触头断开,KM2 主触头闭合,将备用的发电机接入,保持供电。

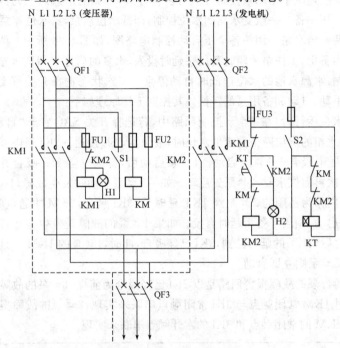

图 6-25　双电源自动切换电路

供电时,合上断路器 QF1、QF2,按下手动开关 S1、S2,首先接通了变压器的供电回路,接触器 KM1、KM 线圈得电,KM1 主触点闭合。因变压器供电通路接有 KM,所以保证了变压器通路先得电;同时接触器 KM1、KM 在 KM2 通路上的辅助联锁触点断开,使 KM2、KT 不能通电。

当正常供电发生故障时,中间断电器 KM、接触器 KM1 线圈失电,常闭触头闭合,使时间继电器 KT 线圈通电,经延时后,KT 延时闭合常开触头闭合,接触器 KM2 线圈通电自锁,KM2 主触头闭合,备用发电机供电。

二、水泵控制电路

在工业与民用建筑中,水泵被广泛应用。最常用的有给水泵、排水泵、消火栓用消防泵、自动喷洒用消防泵及消防稳压泵。

1. 给水泵控制电路

高层建筑中给水泵控制方案有多种方式,常见的形式之一为两台给水泵一用一备。一般受水箱的水位控制,即低水位启泵,高水位停泵。

两台给水泵一用一备全压启动控制电路图,如图 6-26 所示。两台水泵互为备用,工作泵故障时备用泵延时投入,水泵的启停受屋顶水箱液位器控制,水源水池的水位过低时自动停泵。工作状态选择开关可实现水泵的手动、自动和备用泵的转换。其控制工作原理如下:

水泵运行时,在 1♯泵控制回路中,若选择开关 SAC 置于"自动"位置,当水箱的水位降至整定低水位时,液位器 3SL 接通→2KI 通电吸合→1KM 通电吸合→1♯泵启动。1♯泵启动后,待继电器 3KI 吸合并自保持,下次再需供水时,2♯泵先启动。如果 1♯泵启动时发生故障,1KM 未吸合,则作为备用的 2♯泵经 1KT 延时后,3KI 吸合,2KM 才通电吸合,2♯泵启动,相当于备用延时自投。如果 1♯泵的故障是发生在运行一段时间之后,1KT 的延时已到,3KI 已经吸合,此时,1♯泵的 1KM 一旦故障释放,2♯泵则立即启动。

两台泵的故障报警回路是以 2KI 已经吸合为前提,1♯泵的故障报警是通过 1KM 常闭触点与 3KI 常闭触点串联来实现,2♯泵的故障报警是通过 2KM 的常闭触点和 3KI 的常开触点串联来实现。

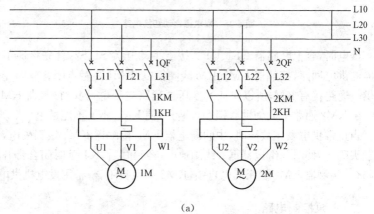

(a)

图 6-26　两台给水泵一用一备全压启动控制电路图(一)

(a)主电路图

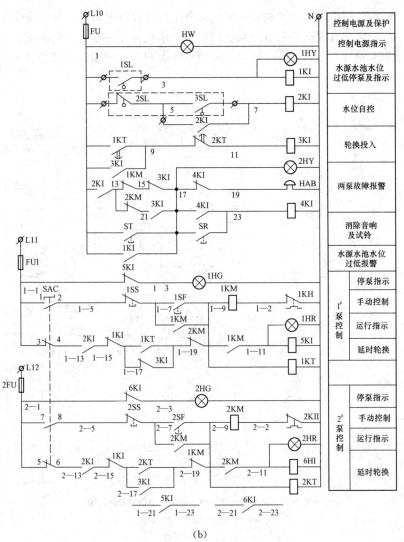

(b)

图 6-26 两台给水泵一用一备全压启动控制电路图(二)

(b)控制电路图

2. 排水泵控制电路

高层建筑排水系统中,两台排水泵一用一备是常用的一种形式。如

图 6-27 所示为两台排水泵一用一备全压启动控制电路图。两台水泵互为备用,工作泵故障时备用泵延时投入。水泵由安装在水池内的液位器控制,高水位起泵、低水位停泵,溢流水位及双泵故障报警。其控制工作原理如下:

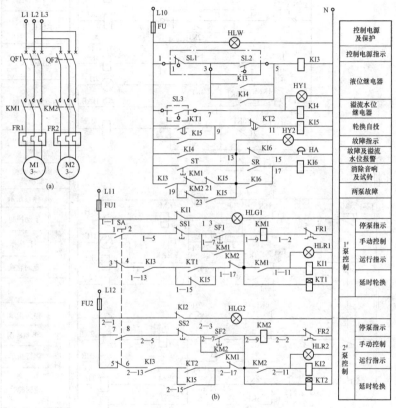

图 6-27　两台排水泵一用一备全压启动控制电路图
(a)主电路图;(b)控制电路图

(1)手动时:不受液位控制器控制,1♯、2♯泵可以单独起停。

(2)自动时:将 SA 置于"自动"位置,当集水池水位达到整定高水位时,SL2 闭合→KI3 通电吸合→KI5 常闭接点仍为常闭状态→KM1 通电吸合→1♯泵启动运转。

在1#泵启动后,待 KI5 吸合并自保持,下次再需排水时,就是 2#泵启动运转。这种两台泵互为备用,自动轮换工作的控制方式,使两台泵磨损均匀,水泵运行寿命长。

如果水位达到整定高水位,液位控制器故障,泵应该启动而没有启动时,其报警回路设计为一台泵故障时,为短时报警,一旦备用水泵自投成功后,就停止报警。当两台泵同时故障时,长时间报警,直到人为解除音响为止。

3. 消防泵控制电路

在高层民用建筑中,一般的供水水压和高位水箱水位不能满足消火栓对水压的要求,往往采用消防泵进行加压,供灭火使用。可以使用一台水泵,或两台水泵互为备用。如图 6-28 所示为消防泵一用一备全压启动控制电路图。两台水泵互为备用,工作泵故障、水压不够时备用泵延时投入,电动机过载及水源水池无水报警。其控制工作原理如下:

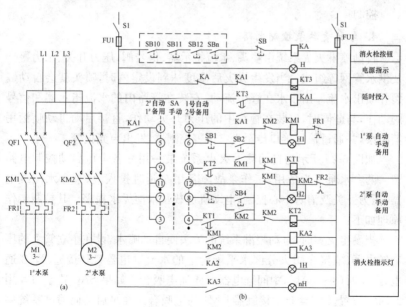

图 6-28　消防泵一用一备全压启动控制电路图
(a)主电路图;(b)控制电路图

在准备投入状态时,QF1、QF2、SB1 都合上,SA 开关置于 1#泵自动,2#泵备用。因消火栓内按钮被玻璃压下,其常开触点处于闭合状态,继电器 KA 线圈通电吸合,KA 常闭触点断开,使水泵处于准备状态。当有火灾时,只要敲碎消火栓内的按钮玻璃,使按钮弹出,KA 线圈失电,KA 常闭触点还原,时间继电器 KT3 线圈通电,铁心吸合,常开触点 KT3 延时闭合,继电器 KA1 通电自锁,KM1 接触器通电自锁,KM1 主触点闭合,启动 1#水泵。如果 1#水泵运转,经过一定时间,热继电器 FR1 断开,KM1 失电还原,KT1 通电,KT1 常开触点延时闭合,使接触器 KM2 通电自锁,KM2 主触点闭合,启动 2#水泵。

SA 为手动和自动选择开关。SB10～SBn 为消火栓按钮,采用串连接法(正常时被玻璃压下),实现断路启动,SB 可放置消防中心,作为消防泵启动按钮。SB1～SB4 为手动状态时的启动停止按钮。H1、H2 分别为 1#、2#水泵启动指示灯。1H～nH 为消火栓内指示灯,由 KA2 和 KA3 触点控制。

4. 自动喷淋泵控制电路

自动喷淋灭火系统由喷头、水流指示器、信号阀、压力开关、水力警铃及供水管网等组成。当发生火灾后温度达到设定值时,喷头就会自动爆裂并喷出水流。由于水在管中流动,安装在管路内的水流指示器和信号阀动作,与此同时,安装在管路中的压力开关动作,直接启动自动喷洒用消防泵,并通过信号接口传至火灾报警控制器,发出声光报警。

如图 6-29 所示为自动喷淋灭火系统泵一用一备全压启动控制电路图。两台水泵互为备用,工作泵故障备用泵延时投入,水泵由水流继电器、压力开关及消防中心控制,电动机过载及水池无水报警。其控制工作原理如下:

当发生火灾时,自动喷淋系统的喷头便自动喷水,设在主立管上的压力继电器(或接在防火分区水平干管上的水流继电器)SP 接通,KT3 通电,经延时(3～5s)后,中间继电器 KI4 通电吸合。如果 SAC 置于“1#用2#备”位置,则 1#泵的接触器 KM1 通电吸合,1#泵启动向喷淋系统供水。如果 1#泵故障,因为 KM1 断电释放,使 2#泵控制回路中的 KT2 通电,经延时吸合,使 KM2 通电吸合,作为备用的 2#泵启动。KT4 的延时整定时间为 1h。KT4 通电 1h 后吸合,KI4 断电释放,使正在运行的喷

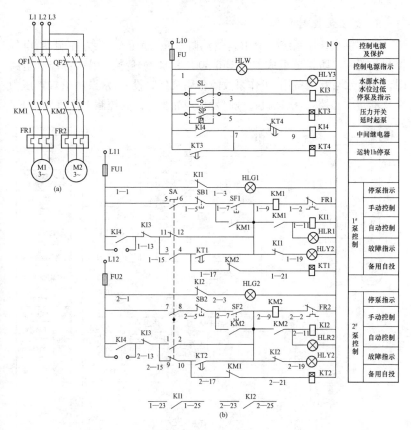

图 6-29　自动喷淋泵一用一备全压启动控制电路图

(a)主电路图；(b)控制电路图

淋泵控制回路断电，水泵停止运行。

　　液位器 SL 安装在水源水池，当水池无水时，液位器 SL 接通，使 KI3 通电吸合，其常闭触点将两台水泵的自动控制回路断电，水泵停止运转。该液位器可采用浮球式或干簧式，当采用干簧式时，需设有下限扎头，以保证水池无水时可靠停泵。

　　两台喷淋泵自控回路中，与 KI4 常开触点并联的引出线，接在消防控制模块上，由消防中心集中控制水泵的起停。

5. 稳压泵控制电路

消防供水稳压系统一般由高位消防水箱、稳压泵、压力控制器、电气控制装置和消防管道组成。如图 6-30 所示为稳压泵一用一备控制电路图。两台水泵互为备用，工作泵故障备用泵延时投入，水泵由电接点压力表及消防中心控制，电动机过载时发出声光报警。其控制工作原理如下：

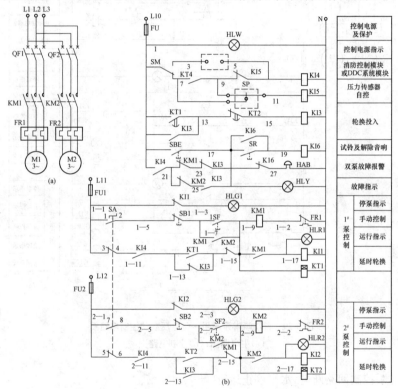

图 6-30　两台稳压泵一用一备控制电路图

(a)主电路图；(b)控制电路图

当工作状态选择开关 SA 处于"自动"位置，水压降至稳定时，压力传感器 SP 的 7、9 号线接通→KI4 通电吸合→KM1 通电吸合→1#泵启动运转。同时，KT1 通电，延时吸合，使 KI3 通电吸合，为下次再需补压时，2#泵的 KM2 通电做好准备。如果水压达到了要求值，压力传感器 SP 使 7、

11 号线接通→KI5 通电吸合→KI4 断电释放→KM1 断电释放→1♯泵停止运转。

当水压低于规定值而使 KI4 再通电,由于 KI3 已经吸合,1♯泵控制电路 KM1 不能通电,这时,2♯泵控制回路的 KM2 先通电,故 2♯泵投入运转。因为 KT2 也通电,经延时后,其延时打开的常闭触点断开,使轮换用的中间断电器 KI3 断电复原。因此就完成了 1♯、2♯泵之间的第一次轮换,下次再需启动时,又使 1♯泵运转。

当 1♯泵该运转而因故障没有运转时,KM1 跳闸,则 KM1 在 2♯泵控制回路中的常闭触点闭合。如果 1♯泵发生故障时已经运行很长时间及 KT1 的延时已经完成,则 KT1 吸合,同时 2♯泵的 KM2 通电吸合,2♯泵启动运转,起到备用泵的作用。

三、空调机组系统控制电路

1. 空调机组系统的组成及表示方法

空调机组系统主要由制冷机组及其外部设备、空气处理设备、末端设备(多数为风机盘管)、空调管路及电气控制设备组成。空调系统中常用的图形符号,见表 6-4。

表 6-4　　　　　　　　　　空调系统常用图形符号

图形符号	说　明	图形符号	说　明
	风机	---□T□---	温度传感器
	水泵 注:左侧为进水, 右侧为出水	---□H□---	湿度传感器
	空气过滤器	---□P□---	压力传感器
	空气加热、冷却器 注:单加热	●	一般检测点
	空气加热、冷却器 注:单冷却		电动二通阀

图形符号	说　明	图形符号	说　明
	空气加热、冷却器 注:双功能换热装置		电动三通阀
	电动调节风阀		电动蝶阀
	加湿器	F	水流开关
	冷水机组	DDC	直接数字控制器
	板式换热器	功能 位号	就地安装仪表
	冷却塔	功能 位号	管道嵌装仪表

2. 风机盘管控制电路

风机盘管是中央空调系统末端向室内送风的装置,由风机和盘管两部分组成。风机把中央送风管道内的空气吹入室内,风速可以调整。盘管是位于风机出口前的一根蛇形弯曲的水管,水管内通入冷(热)水,是调整室温的冷(热)源,在盘管上安装电磁阀控制水流。对水路系统设置电动调节阀时,在采用调速开关控制风机的同时,还采用与调速开关并装的温控器,根据室内温度变化,对风机盘管回水电动阀进行自控开闭,使室内温度保持在所需要的范围内。

图 6-31 为风机盘管控制电路图。其控制工作原理是:带室内温控器的三速开关 TS-101 安装在室内墙上,当 TS-101 内的三速开关被拨到"通"位置时,旋转调速开关在"高、中、低"任一档,即可调节风机风速;当 TS-101 内的调速开关被拨到"断"位置时,风机电路被切断,同时电动阀 TV-101 关闭。TS-101 内的温控器也具有"通"、"断"两个工作位置,温控器的通断可控制电动阀的动作,当室内温度超过 TS-101 上的温度设定值时,温控器的触点 4 和 1 接通,电动阀被打开,系统向室内送冷风。

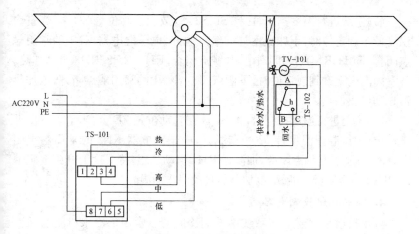

图 6-31　风机盘管控制电路图

3. 恒温恒湿空调器控制电路

恒温恒湿空调器通过控制制冷量或制热量来满足房间的恒温要求，通过控制加湿量或减湿量来满足房间的恒湿要求。如图 6-32 所示为恒温恒湿空调器电气控制电路图。其温度与湿度控制工作原理如下：

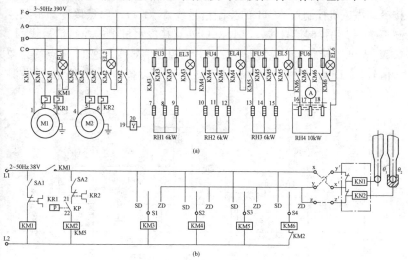

图 6-32　恒温恒湿空调器电气控制电路图

(a)主电路图；(b)控制电路图

（1）系统进行温度控制时，将 S1、S2、S3 放在自动位置 ZD 上，当室内温度低于调定值时，干球温度计的触点脱开，电子继电器 KN1 的常闭触点闭合，KM3、KM4、KM5 通电，其触点闭合，RH1、RH2、RH3 自动加热。待室内温度上升到规定值时，下触点闭合，KN1 的常闭触点断开，电加热器自动停止加热。

（2）系统进行湿度控制时，将 S1 放在自动位置 ZD 上，当室内湿度低于规定值时，湿球温度计 θ2 触点脱开，电子继电器 KN2 的常闭触点闭合，KM6 通电，其触点闭合，加湿器 RH4 自动加湿，待湿度上升到规定值时，KN2 的常闭触点断开，电加湿器自动停止加湿。

4. 冷水机组控制电路图

冷水机组是重要空调系统中的制冷装置。常用的冷水机组有活塞式、螺杆式、离心式、溴化锂吸收式、直燃机式等。根据制冷工况的要求，通常由冷水机组，冷冻水泵、冷却水泵、冷却塔风机组成一个机泵系统。几个机泵系统可组成一个大型制冷系统，这些系统既可独立运行，也可并列运行。

如图 6-33 所示为冷水机组 DDC 控制接线图。图中，A、B、C、D 四点接冷却塔风机控制柜 AC11 的控制信号线，F、G、H、I 四点接冷却水泵控制柜 AC12 的控制信号线，L、M、N、O 四点接冷水机组的控制信号线，T、U、V、W 四点接冷冻水泵控制柜 AC13 的控制信号线。这 16 个点均为数字信号，接 DDC 的数字信号端，用于控制四台设备的启动、停止，并监测四台设备的工作、故障状态。

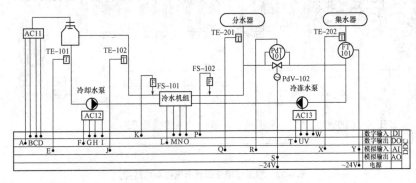

图 6-33　冷水机组 DDC 控制接线图

四、电梯系统控制电路

(一)电梯基础知识

电梯就是指电力拖动的一种垂直运动的固定式提升设备。它具有运送速度快、安全可靠、操作简便的优点。电梯的电气控制系统决定着电梯的性能、自动化程度和运行的可靠性。

1. 电梯的分类

(1)按用途分类。

1)乘客电梯是为运送乘客而设计的电梯。

2)载货电梯主要用来运送货物。通常装卸人员也随梯上下,轿厢有效面积和载重量都较大。

3)客货两用电梯既可以用来运送乘客,也可以运送货物的电梯。它与客梯的区别主要在于轿厢内部的装饰结构不同。

4)病床电梯是为医院专门设计的,用来运送病人、医疗器械电梯。它的轿厢窄而深,有专职司机操纵,运行比较平稳。

5)住宅电梯是供住宅楼使用的电梯,主要运送乘客,也可运送家用物件或生活用品。

6)服务电梯(杂物电梯)可供图书馆、办公楼、饭店等运送图书、文件、食品等。

7)船舶电梯是用于船舶上的电梯,能在船舶的摇晃中正常工作。

8)观光电梯其轿厢壁透明,供乘客观光用。

9)车辆电梯是用来运送车辆的电梯。轿厢较大,有的无轿顶。

(2)按速度分类。

1)低速电梯(丙类)是梯速小于等于 1m/s 的电梯,其规格有0.25m/s、0.5m/s、0.75m/s、1m/s 等。

2)快速电梯(乙类)是梯速小于等于2m/s 而大于1m/s 的电梯,其规格有1.5m/s、1.75m/s 等。

3)高速电梯(甲类)是梯速大于 2m/s 的电梯,其规格有 2m/s、2.5m/s、3m/s、6m/s、8m/s 等。

(3)按拖动方式分类。

1)直流电梯是用直流电动机拖动的电梯。它包括直流发电机—直流电动机拖动的电梯;通过晶闸管整流器供电的直流电梯,此类电梯多为快速或高速电梯。

2)交流电梯是用交流电动机拖动的电梯。它包括:

①交流单速电梯的曳引电动机为交流电动机,额定梯速小于 0.5m/s。

②交流双速电梯的曳引电动机为交流电动机并有快慢两种速度,额定梯速在 1m/s 以下。

③交流三速电梯的曳引电动机为交流电动机并有高、中、低三种速度,额定梯速一般为 1m/s。

④交流调速电梯的曳引电动机为交流电动机,启动时采用开环,制动时采用闭环制动,装有测速发电机。

⑤交流调压调速电梯的曳引电动机为交流电动机,启动时采用闭环,制动时也采用闭环,装有测速发电机。

⑥交流调频调压调速电梯(VVVF),采用微机变频器,以速度、电流反馈控制,在调整频率的同时调整定子电压,使磁通恒定、转速恒定,是新型拖动方式。安全可靠,梯速可达 6m/s。

3)液压传动电梯依靠液压传动,可分为柱塞直顶式和柱塞侧冒式,梯速通常为 1m/s 以下。

4)其他电梯包括:

①齿轮齿条式电梯是电动机拖动齿轮,利用齿轮在齿条上的爬行拖动轿厢运动。

②螺旋式传动电梯是由电动机带动螺杆旋转,带动安装在轿厢上的螺母驱动轿厢上下运动。

2. 电梯的型号

电梯的型号是采用一组字母和数字组合而成的,它以简单明了的方式将电梯基本规格的主要内容表示出来。电梯的型号由三部分组成:第一部分是类别、组型;第二部分是主要参数;第三部分是控制方式。第二部分与第三部分用短线分开。

产品型号的组成顺序如下:

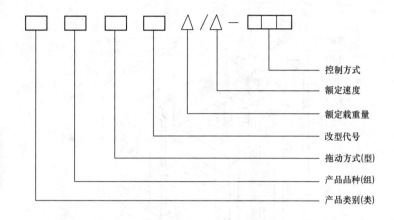

控制方式

额定速度

额定载重量

改型代号

拖动方式(型)

产品品种(组)

产品类别(类)

3. 电梯系统的结构组成

电梯是多层建筑中的重要垂直运输工具,它有一个轿厢和一个对重,它们之间用钢丝绳连接,悬挂在曳引轮上,经电动机驱动曳引轮使轿厢和对重在垂直导轨之间做上下相对运动。它是机电合一的大型复杂产品,它的机械部分相当于人的躯体,它的电气控制部分相当于人体的神经,电梯是现代技术的综合产品。为了更好地维修和管理电梯,必须对电梯及电梯的构造有一个详细的了解。电梯系统的结构可分为机房、井道、轿厢、厅门等几大部分,如图 6-34 所示。

(1)机房部分有曳引机、限速器、极限开关、控制柜、信号柜、机械选层器、电源控制盘、排风设备、安全设施、照明等。

(2)井道部分有轿厢导轨、对重导轨、导轨架、对重装置、缓冲器、限速钢丝绳、张紧装置、线槽、分线盒、随线电缆、端站保护装置、平衡装置、钢带、井道照明及信号装置等。

(3)轿厢部分有轿门、安全钳装置、安全窗、导靴、自动开关门机构、平层装置、检修盒、操纵盘、轿内层站指示、通信报警装置、轿内照明、轿内排风等。

(4)厅门部分有厅门、召唤按钮盒、层站显示等。

4. 常用电器元件图形符号

在电梯控制电路原理图中,常用电器元件的图形符号,见表 6-5。

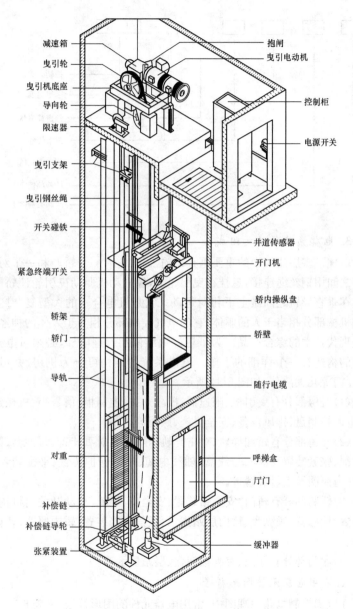

减速箱

曳引轮

曳引机底座

导向轮

限速器

曳引支架

曳引钢丝绳

开关碰铁

紧急终端开关

轿架

轿门

导轨

对重

补偿链

补偿链导轮

张紧装置

抱闸

曳引电动机

控制柜

电源开关

井道传感器

开门机

轿内操纵盘

轿壁

随行电缆

呼梯盒

厅门

缓冲器

图 6-34　交流电梯整体结构图

表 6-5　　　　　　　　　　　常用电器元件的图形符号

序号	元件名称		图形符号	备　注
1	极限开关			三相铁壳开关改制
2	照明总开关			二相铁壳开关
3	电抗器			
4	限位开关	常闭接点		
		常开接点		
5	安全钳、断绳……开关			非自动复位
6	钥匙开关			
7	单刀单投手指开关			
8	热继电器	热元件		调整到自动复位
		辅助接点		
9	电阻器	固定式		
		可调式		
10	急停按钮			非自动复位

序号	元件名称		图形符号	备　注
11	按钮			不闭锁
12	交流曳引、原动机			
13	永磁式测速发电机			
14	直流电动机			
15	励磁绕组			
16	变压器			
17	熔断器			
18	电容器			
19	继电器	电磁线圈		
		常开接点		
		常闭接点		
20	接触器	电磁线圈		
		常开接点		
		常闭接点		

序号	元件名称	图形符号	备　注
21	快速动作，延时复位继电器	电磁线圈 常开接点 常闭接点	
22	缓吸合、快复位继电器	电磁线圈 常开接点 常闭接点	
23	照明、指示灯		
24	二相插头		
25	层楼指示器、选层器接点组		动触头 定触头
26	警铃		
27	蜂鸣器		
28	二极管		
29	单刀双投手指开关		
30	传感器干簧管常闭接头		

(二)电梯信号控制电路

电梯在建筑物的每层都设有召唤按钮和显示运行工作的指示灯。图 6-35 所示为电梯信号控制电路图,其控制工作原理是:当在 2 楼呼叫电梯时,按下召唤按钮 2ZHA,召唤继电器 2KZHJ 的电接通并自锁,按钮下面的指示灯亮,同时轿厢内召唤灯箱上代表 2 楼的指示灯 2HL 也点亮,线圈 KDLJ 通电,电铃响,通知司机 2 楼有人呼梯。司机明白以后按解除按钮 XJA 则铃停灯灭。

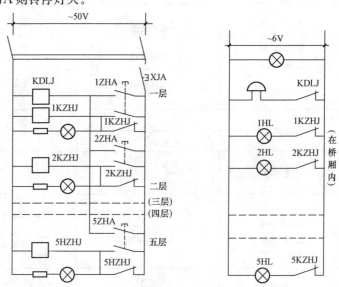

图 6-35　电梯信号控制电路图

(三)交流双速电梯控制电路

交流双速电梯是指采用交流双速异步电动机作为曳引电动机的双速电梯,由于其拖动系统和电气控制系统的结构简单,成本低廉,维修方便。因此,在 1.0m/s 以下的低速梯中被广泛应用。

交流双速电梯电气控制系统由拖动电路部分、直流控制电路部分、交流控制电路部分、照明电路部分、厅外召唤电路部分,以及指示灯信号显示电路等六部分组成。采用不同控制方式的交流双速电梯电气控制系统,除直流控制电路部分有着比较大的区别外,其余五部分是基本相同或完全相同的。

　　如图 6-36 所示为交流双速信号控制电梯电路图,其控制工作原理如下:

　　当闭合线路开关 KM 及 QK,由司机手动开门,乘客进入轿厢以后用电锁钥匙开关 QR 接通主接触器 QS 的线圈,QSV 和 QXV 是向上和向下的极限开关。正常运行时,QS 通电,接通主电路,电源变压器得电,零压继电器 KY 通电接通直流控制回路使时间继电器 1KT 吸合,同时使交流控制电路接通。当轿厢承重以后,司机手动将门关好,使各层的厅门接触开关 SP1~SP5 及轿厢门接触开关 SP2 都闭合。在运行正常时,安全钳开关 SP1 及限速断强开关 SP3 是闭合的,所以门连锁继电器 K 通电,交流接触器接触电源。如果此时轿厢内的 n 层指示灯亮,指示 n 层传呼梯。譬如在 4 层,司机按下 4 层开车的按钮 SB4L,使楼层继电器 4KL 通电并自锁。因为层楼转换开关 SA4L 是左边接通,因此上行继电器 KS 得电,常开触头 KS(24—106)闭合,使 KM 线圈得电。同时 KS 的另外一常开接点(38—106)闭合,使 KM1 通电。KM1 常开触头(50—52)闭合,使运行继电器 KYX 通电。由于 KM 和 KM1 主触头均已闭合,电动机快速绕组通过启动电阻器接通,电动机正向降压启动,制动器线圈 YT 得电松闸。同时由于 KM 常闭点断开,使延时继电器 1KT 失电,其触头(54—56)延时闭合接通 KM5,将电阻器切除,电动机快速上升。当轿厢经过各楼层的时候,轿厢上的切换导板将各层楼的转换开关 SA2L 和 SA3L 按左断右通方式进行转换。

　　在轿厢刚刚进入所要达到的 4 层楼的平层减速区的时候,SA4L 转换开关动作,使 KS 失电,KS 的常开触点(24—106)断开,又使 KM 断电(注意在这时 KM1 有电)。主电路中 KM 触点断开,使电动机定子断电,同时 YT 也断电,绕组放电,这时制动器提供一定的制动力矩使电动机迅速减速。当电动机速度降到 250r/min 的时候,速度开关 Q 将 KM4 接通,电动机的低速绕组接通,则电动机再次得电。KM4 的常闭触点(15—17)断开,使 2KT 断电,2KT 的常闭触点延时接通 KM3,将启动电阻短接,电动机低速运行,直到平层停车。在轿厢到达 4 层平层就位时,正好是井道内

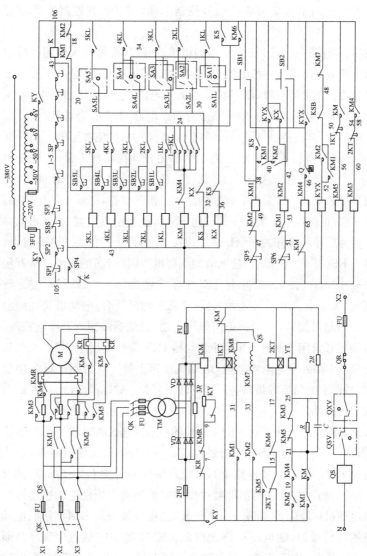

图6-36　交流双速信号电梯控制电路图

顶置铁块进入向上平层感应器 KSB 的磁路空隙,KSB 触点(50—48)断开,使运行继电器 KYX 断电,只要 KYX 断电,其常开触点就会使上行继电器 KM1 或下行继电器 KM2 失电,电动机停车,同时使 YT 断电,制动器换闸,开门下人。

综上所述,轿厢正常工作时属于快速运行,轿厢减速而准备停车时处于慢速运行。而在检修电梯的时候,需要缓慢地升降,并且停车的位置不受平层感应器的限制,可以使用慢速点动控制按钮 SB1 完成。

第七章　建筑弱电系统图识读

第一节　弱电工程基本知识

弱电是针对强电而言的。一般是把像动力、照明这样基于"高电压、大电流"的输送能量的电力称为强电；而把以传输信号，进行信息交换"电"称为弱电。弱电工程是现代建筑中不可缺少的电气工程，建筑弱电工程是一个复杂的集成系统工程，它是多种技术的集成，多门学科技术的综合。

弱电工程的作用是进行信息传递，线路中输送的是各种电信号。弱电信号的电压低、电流小、功率小。

随着经济水平的提高，对信息的需求大大提高，建筑物内为传递信息、提高生活质量的电气设备越来越多，因此建筑施工中弱电工程的项目也越来越多。

一、建筑弱电工程图的种类

建筑弱电工程图的图纸形式有很多样，但总体来说可以分为以下几种：

(1)弱电系统图。弱电系统图表示弱电系统中设备和元件的组成，元件之间相互的连接关系及它们的规格、型号、参数等。主要包括火灾自动报警联动控制系统图、电视监控系统图、共用天线系统图以及电话系统图等。

(2)弱电平面图。弱电平面图是决定弱电装置、设备、元件和线路平面布置的图纸，与强电平面图类似，主要包括火灾自动报警平面图、防盗报警装置平面图、电视监控装置平面图、综合布线平面图、卫星接收及有线电视平面图等。

(3)弱电系统装置原理图。弱电装置原理框图是说明弱电设备的功能、作用、原理的图纸,通常用于系统调试,一般由设备厂家负责。主要有火灾自动报警联动控制原理结构框图与电视监控系统结构框图等。

二、建筑弱电工程图的内容

建筑弱电工程图的内容,见表 7-1。

表 7-1　　　　　　　　　　建筑弱电工程图的内容

序号	项　　目	内　　　　容
1	设计施工说明表述内容	设计施工说明是工程设计图中的一部分,是图纸表述的补充。它概括了各弱电系统的规模、组成、功能、要求以及保护监控及探测报警区域的划分和等级等。各系统的供电方式、接地方式,线路的敷设方式、施工细节、注意事项也是设计施工说明中的内容
2	初步设计阶段图纸的内容	(1)各弱电项目系统方框图。 (2)主要弱电项目控制室设备平面布置图(较简单的中、小型工程可不出图)。 (3)弱电总平面布置图,绘出各类弱电机房位置、用户设备分布、线路敷设方式及路由。 (4)大型或复杂子项宜绘制主要设备平面布置图。 (5)电话站内各设备连接系统图。 (6)电话交换机同市内电话局的中继接续方式和接口关系图(单一中继局间的中、小容量电话交换机可不出图)。 (7)电话电缆系统图(用户电缆容量比较小的系统可不出图)
3	施工图设计阶段图纸内容	各分项弱电工程一般均需绘出下列图样: (1)各弱电项目系统图。 (2)各弱电项目控制室设备布置平、剖面图。 (3)各弱电项目供电方式图。 (4)各弱电项目主要设备配线连接图。 (5)电话站中断方式图(小容量电话站不出此图)。 (6)各弱电项目管线敷设平面图。 (7)竖井或桥梁电缆排列断面或电缆布线图。 (8)线路网点总平面图(包括管道、架空、直埋线路)。 (9)各设备间端子板外部接线图

序号	项　目	内　　容
3	施工图设计阶段图纸内容	(10)各弱电项目有关联动、遥控、遥测等主要控制电气原理图。 (11)线路敷设总配线箱、接线端子箱、各楼层或控制室主要接线端子板布置图(中、小型工程可例外)。 (12)安装大样及非标准部件大样。 (13)通信管道建筑图

第二节　火灾自动报警和消防控制系统

　　火灾自动报警及消防联动系统是以火灾为监控对象,根据防灾要求和特点而设计、构成和工作的,是一种及时发现和通报火情,并采取有效措施控制扑灭火灾而设置在建筑物中或其他对象与场所的自动消防设施。火灾自动报警及消防联动系统是将火灾消灭在萌发状态,最大限度地减少火灾危害的有力工具。随着社会经济的发展和高层、超高层现代建筑的兴起,对消防和救灾抢险工作提出了越来越高的要求,消防技术设施和消防技术装备的现代化需求促进了火灾监控系统的广泛使用。火灾自动报警及消防联动系统技术作为消防技术手段之一,也越来越显示出它的重要性。

一、火灾自动报警器和消防控制系统概述

1. 建筑物防火等级

　　(1)民用建筑应根据其使用性质、火灾危险性、疏散和扑救难度等进行防火等级的分类,一般可按表 7-2 和表 7-3 划分。

表 7-2　　　　　　　　　　　　高层建筑物分类

名　　称	一　类	二　类
居住建筑	高级住宅; 19 层以上的普通住宅	10～18 层的普通住宅

名　称	一　类	二　类
公共建筑	高度超过100m的建筑物。 医院病房楼。 每层面积超过1000m²的商业楼、展览楼、综合楼。 每层面积超过800m²的电信楼、财贸金融楼、省(市)级邮政楼、防火指挥调度楼。 大区级和省(市)级电力调度楼,中央级、省(市)级广播电视楼。 高级旅馆。 每层面积超过1200m²的商住楼。 藏书超过100万册的图书楼。 重要的办公楼、科研楼、档案楼。 建筑高度超过50m的教学楼和普通的旅馆、办公楼、科研楼等	除一类建筑以外的商业楼、展览楼、综合楼、商住楼、财贸金融楼、电信楼、图书楼。 建筑高度不超过50m的教学楼和普通的旅馆、办公楼、科研楼。 省级以下的邮政楼。 市级、县级广播电视楼。 地、市级电力调度楼。 地、市级防灾指挥调度楼

注:1. 本表未列出的建筑物,可参照本条划分类别的标准确定其相应类别。

2. 本表所列之市系指:一类包括省会所在市及计划单列市,二类的市指地级及以上的市。

表 7-3　　　　　　　低层建筑物分类

一　类	二　类
电子计算中心。 200张床位以上的多层病房楼。 省(市)级广播楼、电视楼、电信楼、财贸金融楼。 省(市)级档案馆。 省(市)级博览馆。 藏书超过100万册的图书楼。 3000座以上体育馆。	大、中型电子计算站。 每层面积超过3000m²的中型百货商场。

一 类	二 类
2.5 万以上座位大型体育场。	藏书 50 万册及以上的中型图书楼。
大型百货商场。	市(地)级档案馆。
1200 座以上的电影院。	800 座以上中型剧场
1200 座以上的剧场。	
三级及以上旅馆。	
特大型和大型铁路旅客站。	
省(市)级及重要开放城市的航空港。	
一级汽车及码头客运站	

注:1. 本表未列出的建筑物,可参照本条划分类别的标准确定其相应类别。

2. 本表所列之市系指:一类包括省会所在市及计划单列市。二类的市指地级及以上的市。

(2)根据国家现行规范要求,在各类建筑物中,火灾探测器设置的部位应与保护对象的等级相适应,并符合下列规定:

1)超高层(建筑高度超过 100m)为特级保护对象,应采用全面保护方式。

2)高层中的一类建筑为一级保护对象,应采用总体保护方式。

3)高层中的二类和低层中的一类建筑为二级保护对象,应采用区域保护方式;重要的亦可采用总体保护方式。

4)低层中的二类建筑为三级保护对象,应采用场所保护方式;重要的亦可采用总体保护方式。

(3)建筑物火灾自动报警系统保护对象分级,见表 7-4。

表 7-4　　　　　建筑物火灾自动报警系统保护对象分级

保护对象分级	建筑物分类	建 筑 物 名 称
特级	建筑高度超过 100m 的超高层建筑	各类建筑物

续表

保护对象分级	建筑物分类	建 筑 物 名 称
一级	高层民用建筑	表 7-2 中一类所列建筑物
	建筑高度超过24m多层民用建筑及建筑高度不超过24m的单层公共建筑	(1)200 床以上的病房楼,每层建筑面积 1000m² 以上的门诊楼。 (2)每层建筑面积超过 3000m² 的百货楼、商场、展览楼、高级旅馆、财贸金融楼、电信楼、高级办公楼。 (3)藏书超过 100 万册的图书馆、书库。 (4)超过 3000 座位的体育馆。 (5)重要的科研楼、资料档案楼。 (6)省级(含计划单列市)的邮政楼、广播电视楼、电力调度楼、防灾指挥调度楼。 (7)重点文物保护场所。 (8)超过 1500 座位的影剧院、会堂、礼堂
	地下民用建筑	(1)地下铁道、车站。 (2)地下电影院、礼堂。 (3)使用面积超过 1000m² 的地下商场、医院、旅馆、展览厅及其他商业或公共活动场所。 (4)重要的实验室、图书、资料、档案库
二级	高层民用建筑	表 7-2 中二类所列建筑物
	建筑高度不超过24m的民用建筑	(1)设有空气调节系统的或每层建筑面积超过 2000m² 但不超过 3000m² 的商业楼,财贸金融楼,电信楼,展览楼,旅馆,办公楼,车站,海、河客运站,航空港等公共建筑及其他商业或公共活动场所。 (2)市、县级的邮政楼、广播电视楼、电力调度楼、防灾指挥调度楼。 (3)不超过 1500 座位的影剧院。 (4)26 辆及以上的汽车库。 (5)高级住宅。 (6)图书馆、书库、档案楼。 (7)舞厅、卡拉 OK 厅、夜总会等商业娱乐场所(注)
	地下民用建筑	(1)26 辆以上的地下停车库。 (2)长度超过 500m 的城市隧道。 (3)使用面积不超过 1000m² 的地下商场、医院、旅馆、展览厅及其他商业或公共活动场所

注:舞厅、卡拉 OK 厅、夜总会等商业娱乐场所不论规模大小作同等建筑物看待。

(4)自动喷水灭火系统设置场所火灾危险等级举例,见表 7-5。

表 7-5　　　　　　**自动喷水灭火系统设置场所火灾危险等级举例**

火灾危险等级		设置场所举例
轻危险级		建筑高度为 24m 及以下的旅馆、办公楼;仅在走道设置闭式系统的建筑等
中危险级	Ⅰ级	(1)高层民用建筑:旅馆、办公楼、综合楼、邮政楼、金融电信楼、指挥调度楼、广播电视楼(塔)等。 (2)公共建筑(含单、多高层):医院、疗养院;图书馆(书库除外)、档案馆、展览馆(厅);影剧院、音乐厅和礼堂(舞台除外)及其他娱乐场所;火车站和飞机场及码头的建筑;总建筑面积小于 5000m² 的商场、总建筑面积小于 1000m² 的地下商场等。 (3)文化遗产建筑:木结构古建筑、国家文物保护单位等。 (4)工业建筑:食品、家用电器、玻璃制品等工厂的备料与生产车间等;冷藏库、钢屋架等建筑构件
	Ⅱ级	(1)民用建筑:书库、舞台(葡萄架除外)、汽车停车场、总建筑面积 5000m² 及以上的商场、总建筑面积 1000m² 及以上的地下商场等。 (2)工业建筑:棉毛麻丝及化纤的纺织、织物及制品、木材木器及胶合板、谷物加工、烟草及制品、饮用酒(啤酒除外)、皮革及制品、造纸及纸制品、制药等工厂的备料与生产车间
严重危险级	Ⅰ级	印刷厂、酒精制品、可燃液体制品等工厂的备料与车间等
	Ⅱ级	易燃液体喷雾操作区域、固体易燃物品、可燃的气溶胶制品、溶剂、油漆、沥青制品等工厂的备料及生产车间、摄影棚、舞台"葡萄架"下部
仓库危险级	Ⅰ级	食品、烟酒;木箱、纸箱包装的不燃难燃物品、仓储式商场的货架区等
	Ⅱ级	木材、纸、皮革、谷物及制品、棉毛麻丝化纤及制品、家用电器、电缆、B组塑料与橡胶及其制品、钢塑混合材料制品、各种塑料瓶盒包装的不燃物品及各类物品混杂储存的仓库等
	Ⅲ级	A组塑料与橡胶及其制品;沥青制品等

注:表中的塑料、橡胶的分类举例:

A组:丙烯腈-丁二烯-苯乙烯共聚物(ABS)、缩醛(聚甲醛)、聚甲基丙烯酸甲酯、玻璃纤维增强聚酯(FRP)、热塑性聚酯(PET)、聚丁二烯、聚碳酸酯、聚乙烯、聚丙烯、聚苯乙烯、聚氨基甲酸酯、高增塑聚氯乙烯(PVC,如人造革、胶片等)、苯乙烯-丙烯腈(SAN)等;

B组:醋酸纤维素、醋酸丁酸纤维素、乙基纤维素、氟塑料、锦纶(锦纶 6、锦纶 66)、三聚氰胺甲醛、酚醛塑料、硬聚氯乙烯(PVC,如管道、管件等)、聚偏二氟乙烯(PVDC)、聚偏氟乙烯(PVDF)、聚偏乙烯(PVF)、脲甲醛等。

2. 火灾自动报警系统的组成

火灾自动报警系统是由触发装置、火灾报警控制装置、火灾警报装置及电源等四部分组成的通报火灾发生的全套设备。

(1)触发装置是自动或手动产生火灾报警信号的器件,自动触发器件包括各种火灾探测器、水流指示器、压力开关等。手动报警按钮是用人工手动发送火警信号通报火警的部件,是一种简单易行、报警可靠的触发装置。它们各有其优缺点和适用范围,可根据其安装的高度,预期火灾的特性及环境条件等进行选择。

(2)火灾报警控制器接收触发装置发来的报警信号,发出声、光报警,指示火灾发生的具体部位,使值班人员迅速采取有效措施,扑灭火灾。对一些建筑平面比较复杂或特别重要的建筑物,为了使发生火灾时值班人员能不假思索地确定报警部位,采用火灾模拟显示盘,它较普通火灾报警控制器的显示更为形象和直观。某些大型或超大型的建筑物,为了减少火灾自动报警系统的施工布线,采用数据采集器或中继器。

(3)警报装置是在确认火灾后,由报警装置自动或手动向外界通报火灾发生的一种设备。可以是警铃、警笛、高音喇叭等音响设备,警灯、闪灯等光指示设备或两者的组合,供疏散人群、向消防队报警等使用。

(4)电源是向触发装置、报警装置、警报装置供能的设备。火灾自动报警系统中的电源,应由消防电源供电,还要有直流备用电源。

二、火灾自动报警器和消防系统主要设备

1. 火灾探测器

(1)火灾探测器的分类。火灾探测器是能对火灾参量作出有效响应,并转化为电信号,将报警信号送至火灾报警控制的器件。它是火灾自动报警器系统最关键的部件之一。按其被测的火灾参量,探测器的分类见表7-6。

(2)火灾探测器的选用原则。在火灾自动探测系统中,探测器的选择非常重要,应根据探测区域内可能发生火灾的特点、空间高度、气流状况等选择其合适的探测器或几种探测器的组合。火灾探测器的选择一般应遵守以下原则:

1)火灾初期有引燃阶段,产生大量的烟和少量的热,很少或没有火焰辐射,应选用感烟探测器;

表7-6　　　　　　　　　　　火灾探测器的分类

序号	类　别	说　　　　明
1	感烟火灾探测器	这类火灾探测器对燃烧或热解产生的固体或液体微粒予以响应,可以探测物质初期燃烧所产生的气溶胶或烟粒子浓度。因为气溶胶或烟雾粒子可以改变光强,减小探测器电离室的离子电流,改变空气电容器的介电常数或改变半导体的某些性质,故感烟火灾探测器又可分为离子型、光电型、电容型或半导体型等类型。其中光电型火灾探测器还包括减光型(烟雾遮挡减少光通量)和散光型(烟雾对光的散射)等两种
2	感温火灾探测器	这种火灾探测器响应异常温度、温升速率和温差等火灾信号,是使用面广、品种多、价格最低的火灾探测器。其结构简单,很少配用电子电路,与其他种类比较,可靠性高,但灵敏度较低。常用的有定温型——环境温度达到或超过预定值时响应;差温型——环境温升速率超过预定值时响应;差定温型——兼有差温、定温两种功能。感温型火灾探测器使用的敏感元件主要有热敏电阻、热电偶、双金属片、易熔金属、膜盒和半导体等
3	感光火灾探测器	感光火灾探测器又称火焰探测器,主要对火焰辐射出的红外、紫外、可见光予以响应。常用的有红外火焰型和紫外火焰型两种
4	气体火灾探测器	这类探测器主要用于易燃、易爆场所中探测可燃气体(粉尘)的浓度,一般调整在爆炸浓度下限的1/5~1/6时动作报警。其主要传感元件有铂丝、铂钯(黑白元件)和金属氧化物半导体(如金属氧化物、钙钛晶体和尖晶石)等几种。可燃气体探测器目前主要用于宾馆厨房或燃料气储备间、汽车库、压气机站、过滤车间、溶剂库、炼油厂、燃油电厂等存在可燃气体的场所。用于火灾时烟气体的探测尚未普及
5	复合火灾探测器	复合火灾探测器是可以响应两种或两种以上火灾参数的火灾探测器,主要有感温感烟型、感光感烟型、感光感温型等

2)火灾发展迅速,产生大量的热、烟和火焰辐射,可选用感温探测器、感烟探测器、火焰探测器或其组合;

3)火灾发展迅速,有强烈的火焰辐射和少量的烟、热,应选用火焰探测器;

4)火灾形成特点不可预料,可进行模拟试验,根据试验结果选择探测器；

5)在散发可燃气体和可燃蒸气的场所,宜选用可燃气体探测器。

2. 火灾报警控制器

火灾报警控制器是用来接收火灾探测器发出的火警电信号,并将此火警信号转换为声、光报警信号并显示其着火部位或报警区域。以召唤人们尽早采取灭火措施。火灾报警控制器可分为以下两种：

(1)手动火灾报警控制器。手动火灾报警控制器适合安装在人流的通道、仓库以及风速、温度变化很大,而各种报警控制器所不能胜任的场所。一旦发现火情,即可人工操作按钮报警或直接向自动灭火系统发出指令,以便迅速灭火。

(2)通用型火灾报警控制器。通用型火灾报警控制器是专为小型商店、小仓库、饮食店、储蓄所和小型建筑工程等一些单位的需要而设计的。它既可以与探测器组成为一个小范围内的独立系统,也可以作为大型集中报警区的一个区域报警控制器。

JB-TB-8-2700/063型通用报警控制器的主电源多采用开关电源,其抗干扰性能强,转换效率高,结构紧凑,其外形尺寸如图7-1所示。它设有外接备用电源插头座,可以与FJ-2709B型直流备用电源直接配用。当备用电源充到预定电压时,便自动切断充电网路。当主电源停电时,备用电源可以自动投入运行,以保证火灾报警系统的连续工作。

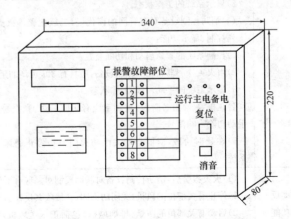

图 7-1　JB-TB-8-2700/063 型通用报警控制器外形

3. 消防联动控制

近几年来高层建筑大量增加。一旦发生火情,灭火难度增大,疏散人员、抢救物资变得更为复杂。消防联动控制是在对火灾确认后向消防设备、非消防设备发出控制型号的处理单元。联动控制器与火灾报警装置配合,通过数据通信,接收并处理来自火灾报警装置的报警点数据,然后对其配套执行器件发出控制信号,实现对各类消防设备的控制。联动控制器可实现的功能,见表 7-7。

表 7-7　　　　　　　　　　　　联动控制器可实现的功能

序号	项　目	内　　容
1	控制、显示功能	(1)消防控制设备对室内消火栓系统应有下列控制、显示功能: 1)控制消防水泵的启、停。 2)显示启泵按钮启动的位置。 3)显示消防水泵的工作、故障状态。 (2)消防控制设备对自动喷水灭火系统应有下列控制、显示功能: 1)控制系统的启、停。 2)显示报警阀、闸阀及水流监视器的工作状态。 3)显示消防水泵的工作、故障状态。 (3)消防控制设备对泡沫、干粉灭火系统应有下列控制、显示功能: 1)控制系统的启、停。 2)显示系统的工作状态。 (4)消防控制设备对有管网的卤代烷、二氧化碳等灭火系统应有下列控制、显示功能: 1)控制系统的紧急启动和切断装置。 2)由火灾探测器联动的控制设备,应具有 30s 可调的延时装置。 3)显示系统的手动、自动工作状态。 4)在报警、喷射各阶段,控制室应有相应的声、光报警信号,并能手动切除声响信号。 5)在延时阶段,应能自动关闭防火门、窗,停止通风、空气调节系统
2	联动反馈功能	(1)火灾报警后,消防控制设备对联动控制对象应有下列功能: 1)停止有关部位的风机,关闭防火阀,并接收其反馈信号。 2)启动有关部位的防烟、排烟风机(包括正压送风机)和排烟阀,并接收其反馈信号

续表

序号	项　目	内　　容
2	联动反馈功能	(2)火灾确认后,消防控制设备对联动控制对象应有下列功能: 1)关闭有关部位的防火门、防火卷帘,并接收其反馈信号。 2)发出控制信号,强制电梯全部停于首层,并接收其反馈信号。 3)接通火灾事故照明灯和疏散指示灯。 4)切断有关部位的非消防电源。 (3)火灾确认后,消防控制设备应按疏散顺序接通火灾警报装置和火灾事故广播。警报装置的控制程序,应符合下列要求: 1)二层及二层以上楼层发生火灾,宜先接通着火层及其相邻的上、下层。 2)首层发生火灾,宜先接通本层、二层及地下各层。 3)地下室发生火灾,宜先接通地下各层及首层。 (4)消防控制室的消防通讯设备,应符合下列要求。 1)消防控制室与值班室、消防水泵房、配电室、通风空调机房、电梯机房、区域报警控制器及卤代烷等管网灭火系统应急操作装置处,应设置固定的对讲电话。 2)手动报警按钮处宜设置对讲电话插孔。 3)消防控制室内应设置向当地公安消防部门直接报警的外线电话

三、火灾自动报警和消防控制系统图识读

1. 火灾自动报警和消防控制系统常用的图形符号

熟悉常用图形符号和文字符号是阅读施工图的基础,火灾报警与消防控制系统常用的图形符号,见表7-8。

表7-8　　　　火灾自动报警与消防控制系统工程图常用图形符号

序号	说　　明	名　称
1	火灾报警装置	▭
2	控制和指示设备	▢
3	感温火灾探测器	▣

序号	说　　明	名　　称
4	感温火灾探测器（点型、非地址码型）	↓N
5	感温火灾探测器（点型、防爆型）	↓EX
6	感温火灾探测器（线型）	↓
7	感烟火灾探测器（点型）	S
8	感烟火灾探测器（点型、非地址码型）	SN
9	感烟火灾探测器（点型、防爆型）	SEX
10	感光火灾探测器（点型）	∧
11	可燃气体探测器（点型）	∝
12	可燃气体探测器（线型）	∝
13	复合式感光感烟火灾探测器（点型）	∧S
14	复合式感光感温火灾探测器（点型）	∧↓
15	线型差定温火灾探测器	⊺
16	光束感烟火灾探测器（线型、发射部分）	S
17	光束感烟火灾探测器（线型、接受部分）	S

序号	说　　　明	名　　　称
18	复合式感温感烟火灾探测器(点型)	
19	光束感烟感温火灾探测器(线型、发射部分)	
20	光束感烟感温火灾探测器(线型、接受部分)	
21	手动火灾报警按钮	
22	消火栓启泵按钮	
23	报警电话	
24	火警电话插孔(对讲电话插孔)	
25	带火警电话插孔的手动报警按钮	
26	火警电铃	
27	火灾发声警报器	
28	火灾光警报器	
29	火灾声、光警报器	
30	火灾应急广播扬声器	
31	水流指示器(组)	
32	压力开关	
33	加压送风口	
34	排烟口	

2. 火灾自动报警及联动控制系统图识读方法及实例

(1)明确该工程的基本消防体系。

(2)了解火灾自动报警及联动控制系统的报警设备(火灾探测器、火灾报警控制、火灾报警装置等)、联动控制系统、消防通信系统、应急供电及照明控制设备等的规格、型号、参数、总体数量及连接关系。

(3)了解导线的功能、数量、规格及敷设方式。

(4)了解火灾报警控制器的线制和火灾报警设备的布线方式。

(5)掌握该工程的火灾自动报警及联动控制系统的总体配线情况和组成概况。

如图 7-2 所示为某高层商业大楼火灾自动报警及联动控制系统图。从图中可以看出,消防控制室设置在一层,火灾报警与联动控制设备的型号为 JB-QB-GST500,并具有报警及联动控制功能,设有 TS-Z01A 消防广播与消防电话主机,消防广播通过控制模块,实现应急广播。系统图中探测器旁文字"x17"表示共计 17 套该种探测器。每层的报警系统分别设 2～3 个总线隔离器,每个总线隔离器的后面分别接有不超过 30 个的报警探测器,各类联动设备通过 I/O 接口与总线连接,反馈信号也通过总线反馈到消防控制室。一层平面图中,各消火栓按钮之间均连接有导线,不同层的消火栓按钮之间也连接有导线,通过对比系统图中消火栓按钮启泵线,当击破按钮上的玻璃后,启动消火栓泵,同时将水泵的运行信号返回到消防控制室,导线的规格为 RVB(4×1.5)-SC15-SC。

3. 火灾自动报警及联动控制系统平面图识读方法及实例

(1)从消防报警中心开始,将其与其他楼层接线端子箱(区域报警控制器)连接导线走向关系搞清楚,就容易了解工程情况。

(2)了解从楼层接线端子箱(区域报警控制器)延续到各分支线路的配线方式和设备连接情况。

如图 7-3 所示为某高层商业大楼一层自动报警及联动控制系统平面布置图,一层是包括大堂、服务台、吧厅、商务及接待中心等在内的服务层。自下向上引入的线缆有五处。本层的报警控制线由位于横轴③、④之间,纵轴Ⓔ、Ⓓ之间的消防及广播值班室引出,呈星型引至引上引下处。

(1)本层引上线共有以下五处:

1)在 2/D 附近继续上引 WDC。

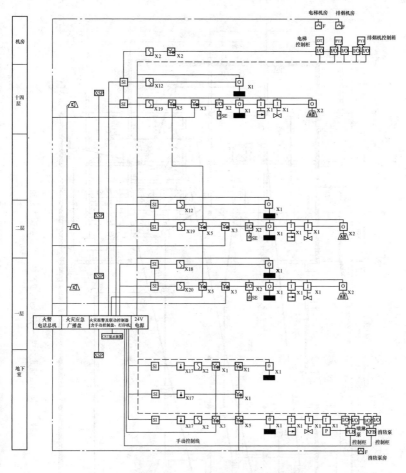

图 7-2　某商业大楼火灾报警及联动控制系统图

2)在 2/D 附近新引 FF。

3)在 4/D 附近新引 FS、FC1/FC2、FP、C、S。

4)9/D 附近移位,继续上引 WDC。

5)9/C 附近继续上引 FF。

(2)本层联动设备共有以下四台:

1)空气处理机 AHU 一台,在 9/C 附近。

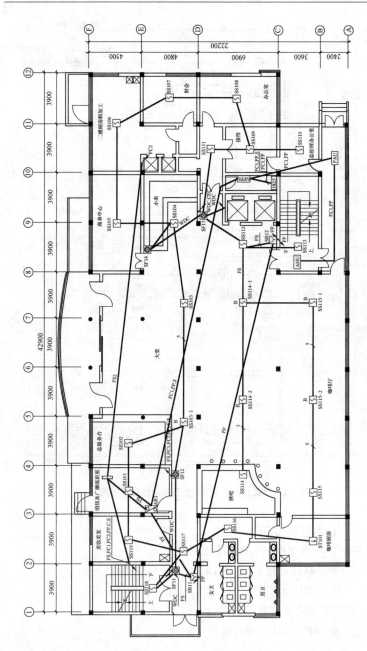

图7-3　某高层商业大楼一层自动报警及联动系统平面布置图

2)新风机 FAU 一台,在 10/A 附近。

3)非消防电源箱 NFPS 一个,在 10/D-10/C 附近。

4)消防值班室的火灾显示盘及楼层广播 AR1。

(3)本层检测、报警设施为:

1)探测器,除咖啡厨房用感温型外均为感烟型。

2)消防栓按钮及手动报警按钮,分别为 4 点及 2 点。

第三节　安全技术防范系统

一、安全防范系统概述

1. 安全防范系统的概念

安全防范是社会公共安全科学技术的一个分支,安全防范行业是社会公共安全大行业中的一个小行业。安全防范包括人力防范、技术防范和实体(物理)防范三个范畴。而通常安全防范主要是指安全技术防范。所谓安全技术防范是指以安全技术防范产品和基础防护设施为手段,以人力防范为基础,包括预防入侵、盗窃、抢劫、破坏、爆炸等违法犯罪和重大政治事故,维护社会治安的技术防范措施。目前,许多建筑物和小区都安装了安全技术防范系统。安全技术防范系统主要包括防盗报警系统、视频安防监控系统、出入口控制系统和电子巡更系统。安全技术防范系统示意图,如图 7-4 所示。

2. 安全防范系统的基本特征

安全防范系统的基本特征是要有高安全性、高可靠性和高性能/价格比,其相应的技术要求必须满足这些基本特征的要求。

(1)高安全性。安全防范系统是用来保护人和财产安全的,它本身必须安全,因此这里所说的高安全性一方面是指产品或系统的自然属性或准自然属性应该保证设备、系统运行的安全和操作者安全,例如:设备和系统本身要能防高温、低温、湿热、烟雾、真菌、雨淋,防射线辐射,防电磁干扰(电磁兼容性),防冲击、碰撞、跌落等;设备、系统的运行安全;防火、防雷击、防爆、防触电设备、系统的运行安全和操作人员的安全。另一方面,安全防范系统还应具有防人为破坏的功能,如:具有防破坏的保护壳

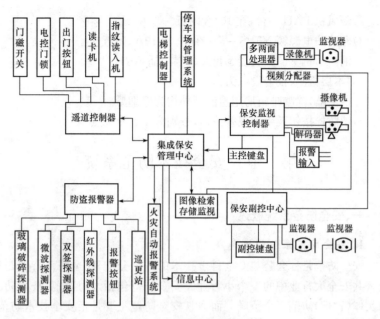

图 7-4　安全技术防范系统示意图

体,具有防拆报警,防短路、开路、并接假负载,防内部人作案的软件等。

为此,安全防范系统除应满足有关的产品标准和系统的技术要求以及气候环境适应性要求、电磁兼容性要求外,还应特别注意防人为破坏的技术要求。这是安全防范系统和其他系统的不同之处,是设计、制造、安装安全防范系统时必须首先要考虑的问题。

(2)高可靠性。安全防范系统以预防损失、预防犯罪为主要目的,一个报警系统在其有效寿命期的大多数或绝大多数时间内可能是没有警情发生因而不需要报警的,出现警情需要报警的概率一般是很小的,而如果在万分之一或更小的概率内报警系统失灵,就意味着灾难的降临。因此,任何一种安防产品,任何一个安防系统(工程),在它设计、施工、使用的各个阶段,必须实施可靠性设计(冗余设计)和可靠性管理,以保证产品和系统的高可靠性。

在理论上,所谓可靠性,就是系统在规定条件(使用条件=工作条件+环境条件)下和规定时间内完成规定功能的能力。定量表示可靠性的数学特征量有可靠度、累积失效概率、失效率、平均无故障工作时间、有效度等。对电子设备和系统而言,衡量可靠性最常用的指标就是 MTBF——产品(系统)无故障工作时间的平均值。它实际上表示的是产品(或系统)的可修复性的技术指标,具体体现在以下几方面:

1)提高设备(或系统)的平均无故障工作时间(有较高的 MTBF 值)。

2)提高设备系统的易维修性(组件、插板的易更换)。

3)提高设备系统的冗余度:关键设备要有备份(热备份)。备份不能只是摆设,而是要在设备真正出问题时能做到自动转接。

(3)高性能/价格比。安全防范系统的设计,要根据被保护对象的风险等级和防护级别的要求综合考虑,选择与风险等级和防护级别相适应的高性能/价格比的产品和系统。

风险等级和防护级别的划分不是绝对的,只有相对的意义。一般来说风险等级与防护级别的划分应有一定的对应关系:高风险的对象应采取高级别的防护措施,才能获得高水平的安全防护。如果高风险的对象采取低级别的防护,安全性必然差,必然发生事故,这当然是要避免的,但如果低风险的对象采用高级别的防护,安全性当然高,但这种系统的性能/价格比一定会降低,造成浪费,这也是不可取的。

因此,在保证系统安全防护水平的前提下,保证高性能/价格比是考核系统设计的重要指标。

3. 安全防范系统工程常用图形符号

安全防范系统工程常用图形符号,见表 7-9。

表 7-9　　　　　安全技术防范系统图样的常用图形符号

序号	名　称	常用图形符号	
		形式 1	形式 2
1	摄像机	⌷	
2	彩色摄像机	⌷	
3	彩色转黑白摄像机	⌷	

序号	名　称	常用图形符号	
		形式1	形式2
4	带云台的摄像机		
5	有室外防护罩的摄像机	OH	
6	网络(数字)摄像机	IP	
7	红外摄像机	IR	
8	红外带照明灯摄像机	IR	
9	半球形摄像机	H	
10	全球摄像机	R	
11	监视器		
12	彩色监视器		
13	读卡器		
14	键盘读卡器	KP	
15	保安巡查打卡器		
16	紧急脚挑开关		

序号	名　称	常用图形符号	
		形式1	形式2
17	紧急按钮开关	◎	
18	门磁开关	⊔	
19	玻璃破碎探测器	◇B	
20	振动探测器	◇A	
21	被动红外入侵探测器	◁IR	
22	微波入侵探测器	◁M	
23	被动红外/微波双技术探测器	◁IR/M	
24	主动红外探测器	Tx —IR— Rx	
25	遮挡式微波探测器	Tx —M— Rx	
26	埋入线电场扰动探测器	□ —L— □	
27	弯曲或振动电缆探测器	□ —C— □	
28	激光探测器	□ —LD— □	
29	对讲系统主机	▯○▯	

序号	名　　称	常用图形符号	
		形式 1	形式 2
30	对讲电话分机		
31	可视对讲机		
32	可视对讲户外机		
33	指纹识别器		
34	磁力锁		
35	电锁按键		
36	电控锁		
37	投影机		

二、防盗报警系统

防盗报警系统是采用红外或微波技术的信号探测器,在一些无人值守的部位,根据各部位的重要程度和风险等级要求,设置不同的探测器,通过有线或无线的方式,传递到中心控制值班室,达到报警及时、可靠、准确无误的要求,是建筑物中保安技防重要的技术措施。

防盗报警系统提供以下三个层次的保护:

(1)外部侵入保护。外部侵入保护的目的是防止无关人员从外部侵入楼内,从而把罪犯排除在防卫区域之外。譬如说防止罪犯从窗户、门、天窗、通风管道等地侵入楼内。

(2)区域保护。如果罪犯突破了第一道防线,进入楼内,入侵报警系统则要提供第二个层次的保护:区域保护。这个层次保护的目的是探测是否有人非法进入某些区域,如果有,则向控制中心发出报警信息,控制中心再根据情况作出相应处理。

(3)目标保护。第三道防线是对特定目标的保护。如保险柜、重要文物等均列为这一层次的保护对象。这是在前两道防卫措施都失效后的又一项防护措施。

1. 防盗报警系统的组成

防盗报警系统主要由防盗报警器、报警控制器和信号传输部组成。楼宇可视对讲报警网络系统结构组成,如图 7-5 所示。

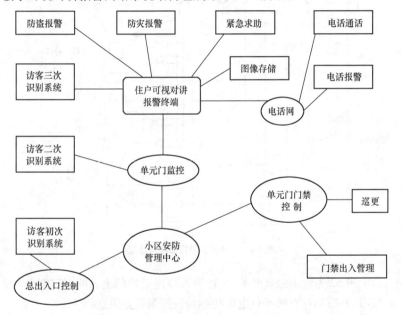

图 7-5　CM-980 型楼宇可视对讲报警网络系统结构示意图

2. 防盗报警系统图识读

(1)闭路闯入报警系统。如图 7-6 所示为闭路闯入报警系统接线图,该系统适用于只有两个入口通道的商场或其他场所。

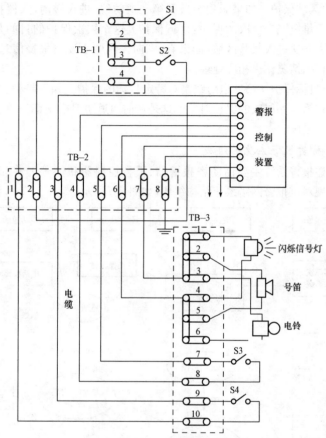

图 7-6　闭路闯入警报系统接线图

　　S1 和 S2 为常闭磁簧开关,装在后入口通道的门上,并接至阻挡接线板 TB-1,然后通过双线平行电缆接到警报控制装置附近的 TB-2。

　　S3 是位于前门的常闭开关,S4 是前门附近的常开键锁开关。它们接至 TB-3,并通过四线电缆(或一对双线电缆)将电路延长至 TB-2。

　　电铃、电笛和闪光信号灯全部接在 TB-3 上,位置应较高,它们的引线用绝缘带绑在一起,从 TB-3 端子 3 和 4 引出线接至 TB-2。接线板 TB-2和 TB-3 须装在金属盒内,以防触电。为了防止闯入者将 S1、S2 旁路拆掉,TB-1 也必须安装在金属盒内,或者装设在很隐蔽的场所。

　　TB-2的端子2、3、4和5通过四线缆接于警报控制装置的接线端子上;端子6和7的引线应采用较粗的导线。端子8应接地。

　　如图7-7所示为警报控制装置的电路图。端子8和9与交流电源连接。该装置由电子定时器、继电器、电动式定时开关和直流电源所组成。

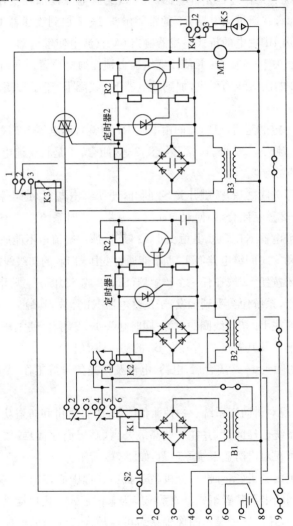

图7-7　警报控制装置电路图

　　在正常状态下,大楼内有人工作时,开关 S1 处于断开(OFF)位置,这时系统不能动作,工作人员下班后,将 S1 置于接通(ON)位置,于是系统处于"戒备"状态。

　　本系统的工作过程是:闭合开关 S1,交流电源被加在变压器 B1 的初级线圈上,并通过继电器 K2 的常闭触头 1—2 加到变压器 B2 的初级线圈上。由 B1 供电的桥式整流器输出 6V 直流电使继电器 K1 吸合,于是 K1 的触头 5—6 闭合,并使该继电器自锁在通电位置。同时,6V 交流电源从 B2 的次级线圈引出,加到继电器 K3 线圈上,于是常闭触头 1—2 便断开。

　　经过一定的延时(延时时间由电阻 R1 调整),继电器 K2 线圈通电动作,其常闭触头 1—2 断开,常开触头 2—3 闭合,于是将交流电源加到继电器 K1 的触点 2。

　　当前门关闭之后,按键开关 S4 断开,便使继电器 K2 断电释放,其常闭触头 1—2 重新闭合,而使双向晶闸管短路。这时系统便处于"警戒"状态。由于继电器 K1 通电,其触头 1—2 断开,所以交流电不能通过双向晶闸管和电动式时间继电器 MT,也不能通过变压器 B3 的初级线圈。

　　当关闭按钮 S2 或在任一个传感器(S1、S2 或 S3)断开,或闭合回路的导线被切断,系统便会受到触发;于是继电器 K1 释放,其触头 5—6 断开,从而切断通往 B1 初级线圈的电源;同时触头 1—2 闭合,使电压加到电动式时间继电器及其触点 2,并加在 B2 的初级线圈上。

　　MT 的触头 1—2 闭合后,电铃、电笛及闪光信号灯工作,及时发出报警信号。

　　(2)可视对讲防盗系统。一种兼备图像、语言对讲和防盗功能的可视对讲防盗系统已经问世,并在一些高级公寓(高层商住楼)或住宅小区得到应用。可视对讲防盗系统原理图,如图 7-8 所示。

　　该系统由主机(室外机)、分机(室内机)管理中心控制器、录像机、电控锁和不间断电源装置组成。该系统能为来访客人与住户提供双向通话(可视电话),住户通过显示图像确认后可遥控入口大门的电控锁。同时还具有向治安值班室(管理中心)进行紧急报警的功能。如图 7-9 所示为该系统的安装接线图。

（3）内部对讲系统。内部对讲系统主要用于流动的保安人员或固定值守部位之间,以及同治安值班室(管理中心)间,互相联络或通信联系,有助于互通信息,提高管理水平。该系统也能为治安值班室对各种报警信号进行核查,并在紧急情况下对突发事件迅速作出反应,向公安机关"110"台报警,如图7-10所示。

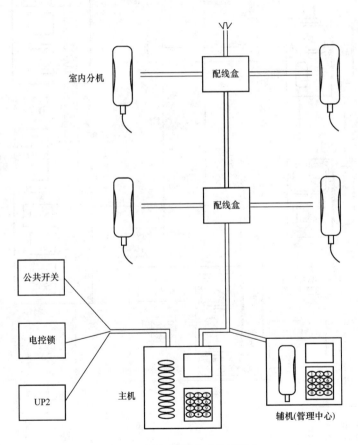

图7-8　可视对讲防盗系统原理图

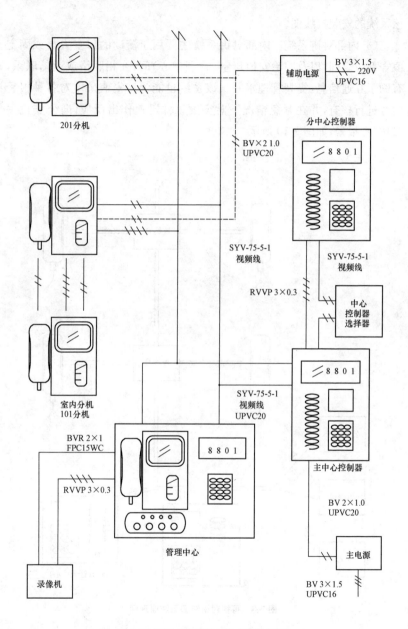

图 7-9　可视对讲防盗系统安装接线图

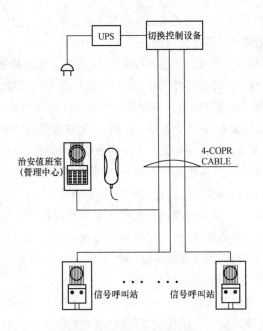

图 7-10　内部对讲系统示意图

三、视频安防监控系统

视频安防监控系统是安全技术防范体系中的一个重要组成部分,是一种先进的、防范能力极强的综合系统,它可以通过遥控摄像机及其辅助设备(镜头、云台等)直接观看被监视场所的一切情况,可以把被监视场所的情况一目了然地摄录下来。同时,电视监控系统还可以与防盗报警系统等其他安全技术防范体系联动运行,使其防范能力更加强大。

视频安防监控系统能在人们无法直接观察的场合实时、形象、真实地反映被监视控制对象的画面,已成为人们在现代化管理中监控的一种有效的观察工具。由于只需一人在控制中心操作就可观察许多区域(甚至远距离区域)的独特功能,因此被认为是保安工作的必需手段。

1. 视频安防监控系统的组成

视频电视控制系统根据其使用环境、使用部门和系统的功能而具有不同的组成方式,无论系统规模的大小和功能的多少,一般监控系统有摄像、传输、控制和显示四部分组成。

(1)摄像部分。摄像部分包括摄像机、镜头等。摄像部分的作用是把系统所监视的目标,即把被摄物体的光、声信号变成电信号,然后送入系统的传输分配部分进行传送。摄像部分的核心是电视摄像机,它是光电信号转换的主体设备,是整个系统的眼睛,为系统提供信号源。

(2)传输部分。传输部分就是系统的图像信号通路,传输部分包括电源线、控制线等。这里所说的传输部分,通常是指所有要传输的信号形成的传输系统的总和(电源传输、视频传输、控制传输等)。

在传输方式上,目前电视监控系统多半采用视频基带传输方式。如摄像机距离控制中心较远,也可采用射频传输方式或光纤传输方式。特殊情况下还可采用无线或微波传输。

传输分配部分组成主要有:

1)馈线。传输馈线有同轴电缆(以及多芯电缆)、平衡式电缆、光缆。

2)视频电缆补偿器。在长距离传输中,对长距离传输造成的视频信号损耗进行补偿放大,以保证信号的长距离传输而不影响图像质量。

3)视频放大器。视频放大器用于系统的干线上,当传输距离较远时,对视频信号进行放大,以补偿传输过程中的信号衰减。具有双向传输功能的系统,必须采用双向放大器,这种双向放大器可以同时对下行和上行信号给予补偿放大。

(3)控制部分。总控制台中主要功能有视频信号放大与分配、图像信号的校正与补偿、图像信号的切换、图像信号(或包括声音信号)的记录、摄像机及其辅助部件(如镜头、云台、防护罩等)的控制(遥控)等。

控制部分的作用是在中心机房通过有关设备对系统的现场设备(摄像机、云台、灯光、防护罩等)进行远距离遥控。

(4)显示部分。显示部分一般由几台或多台监视器(或带视频输入的普通电视机)组成。它的功能是将传送过来的图像显示出来。

2. 闭路电视监控系统的监控形式

闭路电视监控系统的监控形式,一般有以下几种方式:

(1)摄像机加监视器和录像机的简单系统。如图 7-11 所示为最简单的组成方式,这种由一台摄像机和一台监视器组成的方式用在一处连续监视一个固定目标的场合。

图 7-11　摄像机加监视器和录像机的简单系统

(2)摄像机加多画面处理器监视录像系统。如果摄像机不是一台,而是多台;选择控制的功能不是单一的,而是复杂多样的,通常选用摄像机加多画面处理器监视录像系统,如图 7-12 所示。

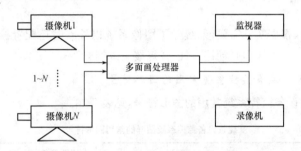

图 7-12　摄像机加多画面处理器系统

(3)摄像机加视频矩阵主机监控录像系统。这种加视频矩阵主机的监视录像系统,如图 7-13 所示。

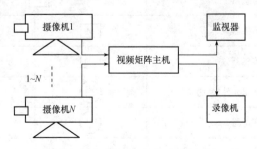

图 7-13　摄像机加视频矩阵主机系统

(4)摄像机加硬盘录像监视录像系统。摄像机加硬盘录像监视录像系统,如图 7-14 所示。

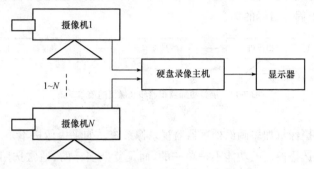

图 7-14　摄像机加硬盘录像主机系统

此外,根据实际需要,系统除了图像系统以外有时还配置控制系统,报警输入、报警输出联动接口,语音复核系统等。

3. 建筑设备监控系统常用的图形符号

建筑设备监控系统常用的图形符号,见表 7-10。

表 7-10　　　　　　建筑设备监控系统图样的常用图形符号

序号	名　称	常用图形符号	
		形式 1	形式 2
1	温度传感器	T	
2	压力传感器	P	
3	湿度传感器	M	H
4	压差传感器	PD	ΔP
5	流量测量元件(＊为位号)	GE＊	
6	流量变送器(＊为位号)	GT＊	
7	液位变送器(＊为位号)	LT＊	

序号	名　称	常用图形符号	
		形式 1	形式 2
8	压力变送器(＊为位号)	(PT ＊)	
9	温度变送器(＊为位号)	(TT ＊)	
10	湿度变送器(＊为位号)	(MT ＊)	(HT ＊)
11	位置变送器(＊为位号)	(GT ＊)	
12	速率变送器(＊为位号)	(ST ＊)	
13	压差变送器(＊为位号)	(PDT ＊)	(ΔPT ＊)
14	电流变送器(＊为位号)	(IT ＊)	
15	电压变送器(＊为位号)	(UT ＊)	
16	电能变送器(＊为位号)	(ET ＊)	
17	模拟/数字变换器,A/D	A/D	
18	数字/模拟变换器,D/A	D/A	
19	热能表	HM	
20	燃气表	GM	
21	水表	WM	
22	电动阀	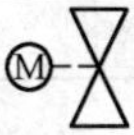 M▷◁	
23	电磁阀	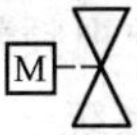 M▷◁	

4. 视频安防监控系统图识读

(1)某小型银行金融部门的视频安防监控系统图,如图 7-15 所示。

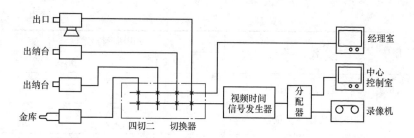

图 7-15 某小型银行金融部门的视频安防监控系统图

1)设计要求能够实现对柜台来客情况、门口人员出入情况、现金出纳台和金库进行监视和记录。除中心控制室进行监视和记录外,在经理室也可选择所需要的监视图像。

2)图 7-15 中为了简化线路,未画出切换器控制电压的传输线路。其设备器材见表 7-11。

表 7-11   某小型银行视频安防监控系统设备器材

设备名称	数量	规格	备注
摄像机	3 台	1in,彩色	普及型
摄像机	1 台	1in,彩色	普及型,采用针孔镜头
切换器	1 台	四切二	继电器切换式
监视器	2 台	25～51cm	收、监两用式
录像机	1 台	VHS	录、放两用
摄像机罩	4 套	室内防护型	
云台		一般型	固定式 3 套、电动式 1 套
视频分配器	1 台	普通型	二分配或四分配
视频时间信号发生器	1 台	普通型	

(2)某宾馆的视频部分监控系统图。如图 7-16 所示为某宾馆安防监控电视(CCTV)系统图。共用 20 台 CC-1320 型 1/2inCCD 固体黑白摄像机,其最低工作照度为 0.4lx,水平清晰度为 400 线,信噪比为 50dB。其电源由摄像机控制器 CC-6754 提供,使用"CS"型接口镜头。

该工程 CCTV 系统的监控室与火灾自动报警控制中心、广播室合用一室,使用面积约为 30m²,地面采用活动架空木地板,架空高度为 0.25m,房间门宽为 1m,高 2.1m,室内温度要求在 16～30℃,相对湿度要求 30%～75%。控制柜正面距墙净距大于 1.2m,背面、侧面距墙净距大于 0.8m。CCTV 系统的供电电源要求安全可靠,电压偏移应小于±10%。

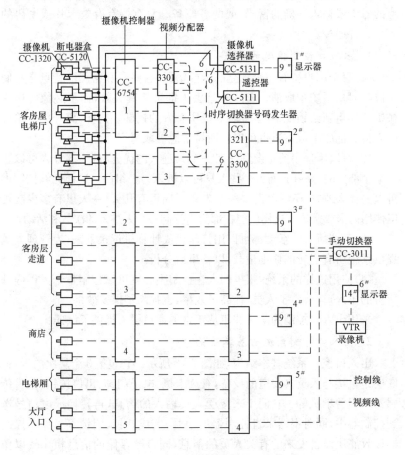

图 7-16　某宾馆视频安防监控系统图

四、出入口控制系统

出入口控制就是对建筑内外正常的出入通道进行管理。该系统可以控制人员的出入,还能控制人员在楼内及其相关区域的行动。过去,此项任务是由保安人员、门锁和围墙来完成的。但是,人有疏忽的时候,钥匙会丢失、被盗和复制。智能大厦采用的是电子出入口控制系统,可以解决上述问题。在大楼的入口处、金库门、档案室门、电梯等处可以安装出入口控制装置,比如磁卡识别器或者密码键盘等。用户要想进入,必须拿自己的磁卡或输入正确的密码,或两者兼备。只有持有有效卡片或密码的人才允许通过。

1. 出入口控制系统的特点

(1)每个用户持有一个独立的卡或密码,这些卡和密码的特点是它们可以随时从系统中取消。卡片一旦丢失即可使其失效,而不必像使用机械锁那样重新给锁配钥匙,或者更换所有人的钥匙。同样,离开一个单位的人持有的磁卡或密码也可以轻而易举地被取消。

(2)可以用程序预先设置任何一个人进入的优先权,一部分人可以进入某个部门的一些门,而另一些人只可以进入另一组门。这样能够控制谁可以去什么地方,还可以设置一个人在一周里有几天、一天里有多少次可以使用磁卡或密码。这样就能在部门内控制一个人进入的次数和活动。

(3)系统所有的活动都可以用打印机或计算机记录下来,为管理人员提供系统所有运转的详细记载,以备事后分析。

(4)使用这样的系统,很少的人在控制中心就可以控制整个大楼内外所有的出入口,节省了人员,提高了效率,也提高了保安效果。

采用出入口控制为防止罪犯从正常的通道侵入提供了保证。

2. 出入口控制系统的基本结构

出入口控制系统基本结构,如图 7-17 所示。它包括 3 个层次的设备。底层是直接与人员打交道的设备,有读卡机、电子门锁、出口按钮、报警传感器和报警喇叭等。它们用来接受人员输入的信息,再转换成电信号送到控制器中,同时根据来自控制器的信号,完成开锁、闭锁等工作。控制器接收底层设备发来的有关人员的信息,同自己存储的信息相比较以作出判断,然后再发出处理的信息。单个控制器就可以组成一个简单的门禁系统,用来管理一个或几个门。多个控制器通过通信网络同计算机连接起来就组成了整个建筑的门禁系统。计算机装有门禁系统的管理软件,它管理着系统中所有的控制器,向它们发送控制命令,对它们进行设置,接受其发来的信息,完成系统中所有信息的分析与处理。

　　出入口控制系统适用于一些银行、金融机构和重要的办公楼的公共安全管理。在建筑场内的主要管理区的出入口、电梯厅、计算机控制中心、贵重物品的保管室、金库等场所的通道口安装门磁开关、电子门锁或读卡机等控制装置,由中央控制室监控。系统采用计算机多重任务的处理,能够对各通道口的位置、通行对象及通行时间等实时进行控制或设定程序控制。

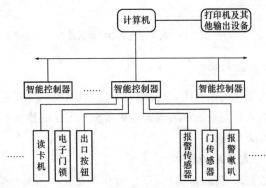

图7-17　出入口控制系统的基本结构

3. 出入口系统的组成

(1)电控锁:包括电磁锁和阴极锁,用于控制被控通道的开闭。

(2)检测器:检测进出人员的身份的设备,可根据实际情况选择相应的检测方式,常用的有非接触式感应卡检测、指纹识别、生物识别等方式。

(3)门磁开关:用以检测门的开关状态。

(4)出门请求按钮:用于退出受控区域或允许外来人员进入该区域的控制器件。

(5)现场控制器:用于检测读卡器传输的人员信息,通过判断,对于已授权人员将输出控制信号给门锁放行;对于非法刷卡或强行闯入情况控制声光报警器报警。现场控制器通常分为单门和多门控制器。

4. 出入口控制系统图识读

　　某宾馆出入口控制系统图,如图7-18所示。从图中可以看出,该系统由出口控制管理主机、读卡器、电控锁、控制器等部分组成。各出入口管理控制器电源由 UPS 电源通过 BV-3×2.5 线统一提供,电源线穿 φ15

的 SC 管暗敷设。出入口控制管理主机和出入口数据控制器之间采用
RVVP-4×1.0 线连接。图中在出入口管理主机引入消防信号,当有火灾
发生时,门禁将被打开。

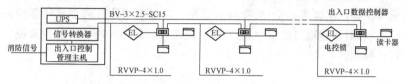

图 7-18　某宾馆出入口控制系统图

五、电子巡更系统图

在一个大型保安系统中,要设保安人员巡逻,也称为巡更。电子巡更
系统分为在线式巡更系统和离线式巡更系统。现在的建筑工程多设计为
离线式电子巡更系统。

1. 电子巡更系统的组成

系统由数据采集器、传输器、信息钮和中文软件四部分组成,附加计
算机与打印机即可实现全部传输、打印和生成报表等要求。

(1)巡检器(数据采集器)。储存巡检记录(可存储 4096 条数据),内
带时钟,体积小,携带方便。巡检时由巡检员携带,采集完毕后,通过传输
器把数据导入计算机。

(2)传输器(数据转换器)。由电源、电缆线、通信座三部分构成一套
数据下载器,主要是将采集器中的数据传输到计算机中。

(3)信息钮。是巡检地点(或巡逻人员)代码,安装在需要巡检的地
方,耐受各种环境的变化,安全防水,不需要电池,外形有多种,用于放置
在必须巡检的地点或设备上。

(4)软件管理系统。可进行单机(网络,远程)传输,并将有关数据进
行处理,对巡检数据进行管理并提供详尽的巡检报告。管理人员将通过
计算机来读取信息棒中的信息,便可了解巡检人员的活动情况,包括经过
巡检地点的日期和时间等信息,通过查询分析和统计,可达到对保安监督
和考核的目的。

(5)打印机打印巡检报表,供领导对巡检情况进行检查。现代化楼宇
中(办公楼、宾馆、酒店等)出入口很多,来往人员复杂,经常有保安人员值

勤巡逻,以确保安全。较重要的场所还设巡更站,定期进行巡逻。保安人员要按照规定的时间、规定的路线完成巡逻任务。保安人员每到达一个巡更点,必须按下巡更信号箱按钮,或使用刷卡机刷卡,向控制中心报告。如果在规定的时间和路线上没有接收到巡更点发出的信息,就说明巡逻人员或巡逻位置出现情况,系统将认为异常,迅速通知有关部门和人员,及时做出反应。

2. 电子巡更系统图识读

如图 7-19 所示为某办公大楼电子巡更系统图。从图中可以看出,该系统采用给定程序线路上的巡更开关或巡更读卡机,保证巡更人员能够按规定顺序在巡更区域内的巡更点进行巡逻,同时也保障了巡更人员的安全。

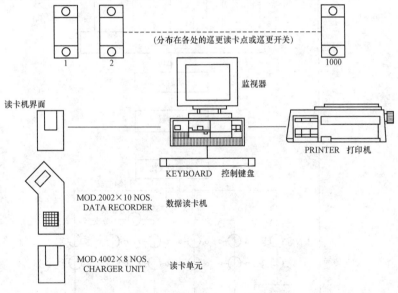

图 7-19 某办公大楼电子巡更系统图

第四节 有线电视工程图

有线电视系统是智能建筑的信息通信的组成部分。有线电视系统,简称 CCTV 系统,它是多台电视接收机共用一套天线的设备。当今,CCTV 传输不只是模拟信号,还有数字信号,并开始向综合信息网发展。

一、有线电视系统的组成

有线电视系统一般由接收天线、前端设备、传输干线、用户终端等组成,如图 7-20 所示。

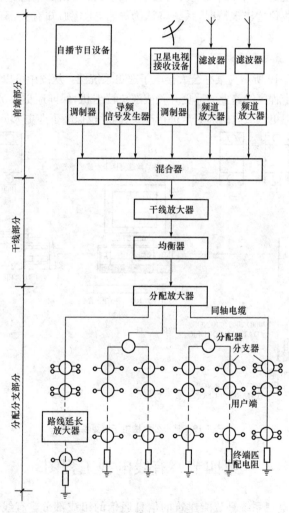

图 7-20　典型 CATV 系统的组成

1. 接收天线

接收天线是接收空间电视信号无线电波的设备,它能接收电磁波能量,增加接收电视信号的距离,可提高接收电视信号的质量。因此,接收天线的类型、加设高度、方位等,对电视信号的质量起着至关重要的作用。

接收天线的种类很多,按其结构形式可分为引向天线、环形天线、对数周期天线(单元的长度、排列间隔按对数变化的天线)和抛物线天线等。CATV系统广泛采用引向天线及其组合天线,卫星电视接收则多使用抛物面天线。

(1)引向天线。引向天线又称八木天线,它既可以单频道使用,也可以多频道使用,既可作VHF接收,也可作UHF接收,工作频率范围在30~3000MHz。引向天线具有结构简单、馈电方便、易于制作、成本低、风载小等特点。引向天线由反射器、有源振子、引向器等部分组成,所有振子都平行配置在同一平面上,其中心用一金属杆固定。引向天线的结构如图7-21所示。

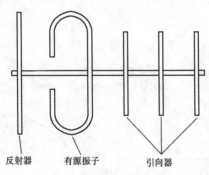

图 7-21　引向天线结构

(2)组合天线。组合天线又称为天阵线,天阵线可以提高天线增益,天线数越多增益越大。同时天线阵抗干扰能力也得到增强。按相等间距在水平线上排列的天线阵称为水平天线阵,如图7-22(a)所示;将天线按相等的距离在垂直方向上排列天线阵称垂直天线阵,如图7-22(b)所示。

(3)常用的抛物面天线有前馈式抛物面天线和后馈式抛物面天线两种。前馈式抛物面天线的示意图,如图7-23所示,其抛物面反射器可以把入射的电视微波信号聚焦于馈源,使馈源上得到相位相同的增强信号,然后再通过波导馈送到高频头。如图 7-24 所示，后馈式抛物面天线又称为卡塞格伦天线，其主反射面为抛物面，副反射面为一旋转双曲面，使副反射面虚焦点和主反射面的焦点相重合；馈源和两个焦点共轴。天线结构一般分为天线本体结构、俯仰调整、方位调整等多部分。其中天线本体由反射面、背架及馈源支架等组成，反射面有板状和网状两种形式。对于要求较高的天线系统，为了便于天线的自动跟踪，还应有其他相应的机械设施，如方位和俯仰角数据、传递装置以及电动控制设施等。

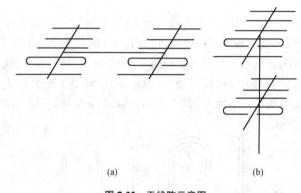

(a)　　　　　　　　　　　　　　(b)

图 7-22　天线阵示意图

（a）水平天线阵；（b）垂直天线阵

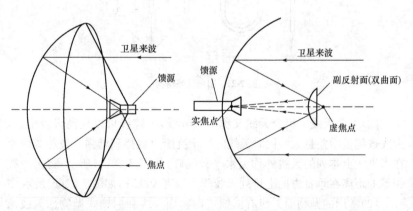

图 7-23　抛物面天线示意图　　　　**图 7-24　后馈式抛物面天线示意图**

2. 前端设备

前端设备主要包括放大器、混合器、调制器、频道调制器、分配器等元件。前端设备的作用是将接收天线接收到的信号进行放大、混合,使其符合质量要求,前端设备质量的好坏,将影响整个系统的图像质量。

(1)天线放大器。距电视发射台远、磁场弱的时候使用,因为它是用来放大弱信号的,所以也称为低电平放大器。目的在于提高接收的信号电平,减少杂波干扰。一般规定现场的磁场信号场强不得低于50dBμV/m,场强在 50～80dBμV/m 范围内被视为低、中场强区,当信号场强小于80dBμV/m时,应加天线放大器。天线放大器的输入电平通常为 50～60dBμV,噪声系数较低,约为 3～6dB。它是用密封的防雨铁盒保护,宜装在天线杆上,一般安装在距天线 1～1.5m 处。天线放大器由前端箱中的馈电盒供给 18V 或 24V 直流电压,用同轴电缆兼作电源线。

天线放大器内的二极管可以对雷电等强浪涌起消波作用,以保护放大器不被损坏。此外,里面还有若干个三极管起放大信号的作用。

(2)混合器。混合器的作用是将不同输入端的信号混合在一起,使用它可以消除因不同天线接收同一信号而互相叠加所产生的重影现象。

(3)调制器。调制器是一种将有线电视系统中的电视解调器、摄像机、录像机、影碟机和卫星接收机等设备输出视频信号、音频信号调制成电视射频信号的设备。

(4)频道调制器。频道调制器将卫星接收机送出的视音频信号调制为射频电视信号。

(5)分配器。分配器是分配高频信号电能的装置。其作用是将混合器或放大器送来的信号平均分成若干份,送给几条干线,向不同的用户区提供电视信号,并能保证各部分得到良好的匹配,同时保持各传输干线及各输出端之间的隔离度(因为电视机本身振荡辐射波或发生故障产生的高频自激振荡对其他输出接收机没有影响,要求隔离度在 20dB 以上)。频率越高损耗越大,它本身的分配损耗约为 3.5dB,在 UHF 频段约为4dB。实用中按分配器的端数分,有二分配器、三分配器、四分配器及六分配器等。最基本的是二、三分配器,其他分配器是它们的组合,见表 7-12。例如四分配器可以用三个二分配器组成,六分配器可以由一个二分配器和两个三分配器组成。

表 7-12　　　　　　　　　　　　二、三分配器

序号	类　　别	说　　　　明
1	二分配器	二分配器的组成及工作原理如图 1 所示。要求分配器的输入及输出阻抗都是 75Ω。T_1 是匹配变压器,它构成阻抗匹配电路,分配变压器 T_2 和 R 组成分配电路。电视信号从 A 点输入,经过变压器 T_1 之后到 Q 点,再经分配变压器 T_2 平均地将信号能量分配给两个输出端 B 和 C。 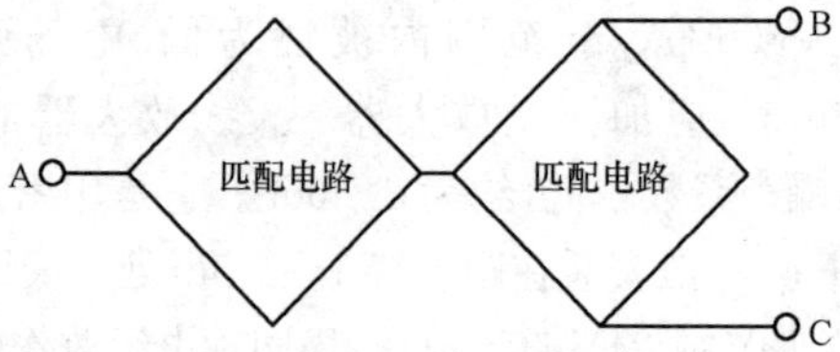 (a) 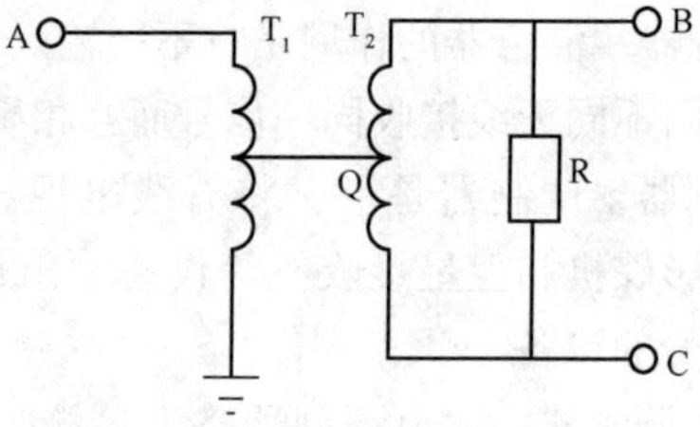 (b) 图 1
2	三分配器	三分配器的工作原理图如图 2 所示。T_1 是匹配变压器,T_2、T_3、T_4 是分配变压器,把信号均等地分配给 B、C、D 三个输出端。 　　按其频率划分有 VHF 频段分配器和 UHF 频段分配器。按安装场所分为户内型及户外型。任何一种分配器都可以当做宽频带混合器使用(但是选择性差,抗干扰能力比带通滤波器弱),只要把它的输入与输出端互调即可,而且可以在 VHF 或 UHF 频段工作,在其输入端对频率不受限制

续表

序号	类　别	说　　明
2	三分配器	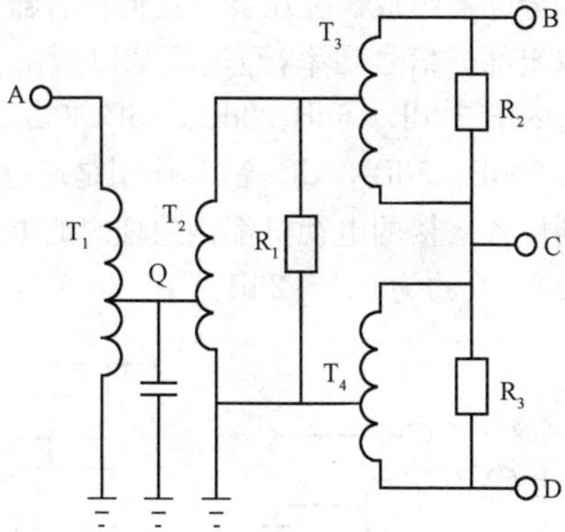 图 2

3. 传输干线

传输干线主要包括干线放大器、线路延长放大器、分配放大器、分配器、传输线缆等元件。

(1)干线放大器。干线放大器安装于干线上，主要用于干线信号电平放大，以补偿干线电缆的损耗，增加信号的传输距离。

(2)线路延长放大器。通常用在支干线上，用来补偿同轴电缆传输损耗、分支插入损耗、分配器分配损耗等。线路延长放大器与干线放大器无明显差别，很多干线放大器同时也用来作为线路延长放大器。根据支干线相对于主干线传输距离较短的特点，对于支干线上放大器技术指标的要求，可略低于干线放大器，通常不需要采用自动电平控制(ALC)功能的放大器。

(3)分配放大器。通常应用在分配系统中，分配放大器一般不需采用具有自动增益控制(AGC)的放大器。由于分配放大器直接服务于居民小区或楼幢用户，放大器的增益应较高，一般为 30～50dB。放大器输出电平较高常为 100～105dB。很多分配放大器有多个输出口，即在放大器内部的输出端设置分配器。

(4)分支器。分支器的功能是在高电平馈电线路传输中，以较小的插入损失,从干线上取出部分信号分送给各用户终端。常用二分支器和四分支器。分支器的工作原理如图 7-25 所示。分支器通常由变压器型定向耦合器和分配器组成。变压器型定向耦合器的功能是以较小的插入损耗从干线取出部分信号功率,经过衰减以后由分配器分配输出。二分支器的损耗有 8dB、12dB、16dB、20dB、25dB、30dB;四分支器的损耗有 10dB、13dB、16dB、20dB、25dB、30dB 等,其作用是通过设计各楼层用不同的分支损耗以达到使各层楼的电视机都得到理想的电平信号。分支器本身的插入损耗是很小的,约为 0.5～2dB。

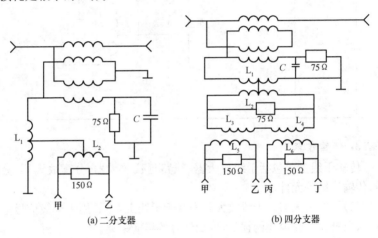

　　(a) 二分支器　　　　　　　　　　(b) 四分支器

图 7-25　分支器工作原理图

　　分支器在接入 CATV 系统后会有插入损失,用字母 K_{ch} 表示,它是指从分支器的输入端输入的信号电平转移到输出端后信号电平的损失,如图 7-26 所示。电视信号从 A 端进入,从主干线 B 输出,C 是分支端输出。大部分信号

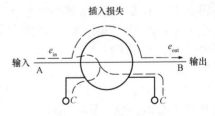

图 7-26　分支器的插入损失

是从 B 输出,小部分分给 C 至用户插座。在一分支的支路输出端接上二分配器就成为二分支器,接上四分配器就成为四分支器。分支器的频带宽度为45～240MHz,当考虑到 UHF 频段时,则带宽为45～960MHz。

如果输入、输出电平分别用电压 U_{in} 和 U_{out} 表示,则

$$K_{ch}=20\ \lg\frac{U_{in}}{U_{out}}$$

分支器的"反向隔离"也称为反向衰减或反向损失,当分支端出现无用信号倒流时,则在输出端形成干扰,反向隔离度越高越好,表示抗干扰能力强。分支器的工作频率范围与分配器完全相同。其种类也与分配器相似。

（5）传输线缆。即系统中各种设备器件之间的连接线。目前使用的线缆主要有两种,一种是平行馈线,一种是同轴电缆。图 7-27 所示为射频同轴电缆,它的作用是在电视系统中传输电视信号。它是由同轴的内外两个导体组成,内导体是单股实心导线,外导体为金属编织网,内外导体之间充有高频绝缘介质,外面有塑料保护层。目前,常用型号有 SYV-75-9、SYV-75-5,前者用于干线,后者用于支线。定额中还有一种被称作耦芯同轴电缆,型号为 SBYEV-75-5、SDVC-75-5、SDVC-75-9、SYKV-75-5、SYKV-75-9 等,这种电缆损耗较少。型号中,9 表示屏蔽网的内径9mm;5 表示屏蔽网的内径为 5mm。

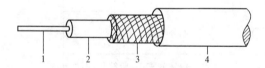

图 7-27　射频同轴电缆

1—单芯(或多芯)铜线;2—聚乙烯绝缘层;

3—铜丝编织(即外导体导屏蔽层);4—绝缘保护层

4. 用户终端

用户终端是电视信号和调频广播的输出插座,有单孔盒和双孔盒之分。单孔盒仅输出电视信号,双孔盒既能输出电视信号,又能输出调频广播信号。

二、有线电视系统工程图

有线电视系统工程图主要包括有线电视系统图和有线电视平面图,两者用于描述有线电视系统的连接关系和系统施工方法,系统中部件的

参数和安装位置在图中都标注清楚。

1. 电视系统图的图形符号

有线电视及卫星电视接收系统常用图形符号，见表7-13。

表 7-13　　　　　有线电视及卫星电视接收系统常用图形符号

序号	符号	说明	应用类别
1	Ψ	天线，一般符号	用于功能性文件和位置文件
2	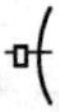 ⊣｜	带矩形波导馈线的抛物面天线	
3	▣	彩色电视接收机	
4	◁	分配器，一般符号（表示两路分配器）	用于功能性文件
5	◁	三分配器	
6	◁	四分配器	
7	 ○	信号分支，一般符号：图中表示一个信号分支	
8	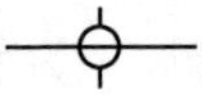 ○	二分支器	
9	 ○	四分支器	
10	◁	混合器，一般符号	
11	 ○TV ⌐TV	电视插座	
12	 ▭	匹配终端	

2. 有线电视系统工程图实例

(1)有线电视系统图。某住宅楼有线电视系统图,如图 7-28 所示。从图中可以看出,该共用天线电视系统采用分配—分支方式。系统干线选用 SYKV-75-9 型同轴电缆,用管径为 25mm 的水煤气钢管穿管埋地引入,在 3 层处由二分配器分为两条分支线,分支线采用 SYKV-75-7 型同轴电缆,穿管径为 20mm 的硬塑料管暗敷设。在每一楼层用四分支器将信号通过 SYKV-75-5 型同轴电缆传输至用户端,穿管径为 16mm 的硬塑料管暗敷设。

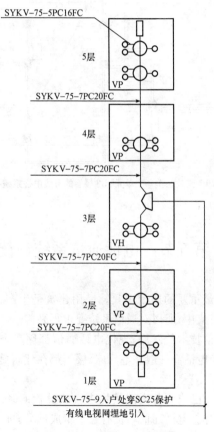

图 7-28　某住宅楼有线电视系统图

(2)有线电视系统平面图。某住宅楼一个单元标准楼层的有线电视系统平面图,如图 7-29 所示。从图中可看出用户端的平面安装位置。

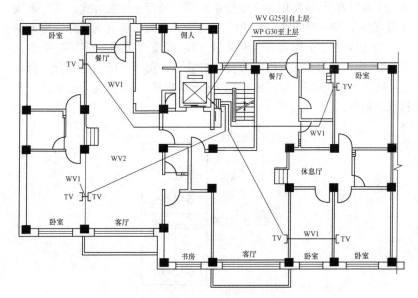

图 7-29　某住宅楼一个单元标准楼层的有线电视系统平面图

第五节　电话通信系统识读

电话是人类最重要的通信工具。民用建筑是生产、生活和社会活动的重要场所,人员集中,所以对通信系统要求很高。

随着数据通信技术的发展,现代电话通信都逐步采用数字式传输技术,选用数字程控电话。一般住宅、办公楼等都在建筑施工时预先设置电话电缆线的接口。

电话通信系统已成为各类建筑物内必须设置的系统,是智能建筑工程的重要组成部分。电话通信系统有三个组成部分,即电话交换设备、传输系统和用户终端设备。

一、电话交换设备

电话交换设备主要是指电话交换机,是接通电话用户之间通信线路的专用设备。电话通信最初是在两点之间通过原始的收话器和导线的连接由电的传导来进行,如果仅需要在两部电话之间进行通话,只要用一对导线将两部电话机连接起来就可以实现。但如果有成千上万部电话机之间需要互相通话,则不可能用个个相连的办法。这就需要有电话交换设备。

二、传输系统

电话传输系统按传输媒介分为有线传输(明线、电缆、光纤等)和无线传输(短波、微波中继、卫星通信等)。

在电话通信网中,传输线路主要是指用户线和中继。在图 7-30 所示的电话网中,A、B、C 为其中的 3 个电话交换局,局内装有交换机,交换可能在一个交换局的两个用户之间进行;也可能在不同交换局的两个用户之间进行,两个交换局用户之间的通信有时还需要经过第 3 个交换局进行转接。

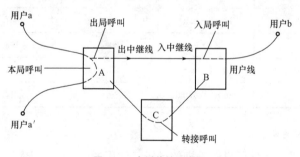

图 7-30　电话传输示意图

常见的电话传输媒体有电话电缆、电话线、电话组线箱和电话出线口。

1. 电话电缆

电话电缆是电话系统干线使用的导线。这里所说的干线是指电话组线箱间的线路。电话电缆在室外埋地敷设时使用铠装电缆,架空敷设时使用钢丝绳悬挂普通电缆或使用全塑自承电话电缆,室内使用普通电缆。在建筑物内的电话干线常采用 HPVV 型塑料绝缘塑料护套通信电缆,HPVV 型电话电缆规格,见表 7-14。

表 7-14　　　　　　　　　　　HPVV 电话电缆规格

对　数	规　格	近似外径/mm	概算重量/(kg/km)
5	5(2×0.5)	8.3	83.4
10	10(2×0.5)	10.7	127.8
15	15(2×0.5)	13.0	195.1
20	20(2×0.5)	13.5	226.0
25	25(2×0.5)	15.8	275.1
30	30(2×0.5)	16.1	308.2
40	40(2×0.5)	17.5	372.7
50	50(2×0.5)	19.7	457.0
80	80(2×0.5)	24.4	712.4
100	100(2×0.5)	27.3	867.2
150	150(2×0.5)	30.0	118.0
200	200(2×0.5)	33.0	151.0
300	300(2×0.5)	39.0	214.0

2. 电话线

电话线是连接用户电话机的导线。常用的电话线是 RVB 型塑料并行软导线或 RVS 型塑料双绞线,导线线芯横截面积为 $0.2 \sim 0.75 mm^2$。也可以使用其他型号的双绞线。

3. 电话组线箱

电话组线箱是电话线缆连接时使用的配电箱,也叫电话分线箱或电话交接箱。在一般建筑物内电话组线箱暗装在楼道墙体中,在高层建筑内电话组线箱安装在电缆竖井中。电话组线箱的型号为 STO,有 10 对、

20 对、30 对等多种规格,按需要分接线的进线数量选择适当规格的电话组线箱。电话组线箱只是用来连接导线,有一定数量的接线端子。在大型建筑物内,一般设置落地配线架,作用与电话组线箱相同。

4. 电话出线口

电话出线口也叫用户出线盒,用来连接用户室内电话机。电话出线口面板分为无插座型和有插座型。无插座型电话出线口面板只是一个塑料面板,中央留直径 1cm 的圆孔。

有插座型电话出线口面板分为单插座型和双插座型,电话出线口面板上为通信设备专用 RJ-11 型插座,要使用带 RJ-11 型插头的专用导线与之连接。

三、用户终端设备

用户终端设备是指电话机、传真机、计算机终端等,随着通信技术与交换技术的发展,又出现了各种新的终端设备,如数字电话机、计算机等。

常用的电话机有以下几类:

(1)拨号盘式电话机。拨号盘式电话机是利用机电结构和声电互换原理来完成拨号、响铃、通话的一种电话机,具有经济、耐用等特点。

(2)按键脉冲式电话机。按键脉冲式电话机采用导电橡胶作为接点和 CMOS 集成电路构成的电子拨号器,当按下一个数字键时,就能发出相应的直流脉冲。脉冲式电话机由于采用全电子线路器件,一般都具有存储和重播号码性能,有的还具有指示、扬声和音乐铃声装置,因此适合于办公室、住宅、公用电话服务站使用。

(3)双间多频按键式电话机。双间多频按键式电话机电话机的发话、受话、消侧音等电路与拨号盘电话机相同,不同的是取消了拨号而换之以双音步(DTMF)产生和号码键盘,其信号由高低两个音频组成。用户每按一个数字键,它就向外线发出相应的双音频信号组,代表一位拨号数字或符号。这种电话机适合于程控电话交换机使用。

(4)无绳电话。无绳电话由主机和副机两部分组成。使用时将主机接入市话网内,副机由用户随身携带,可在离主机 200~300m 范围内的任何地方,利用副机收听和拨号市话网电话用户。

如图 7-31 所示为几种常用电话机的外形。

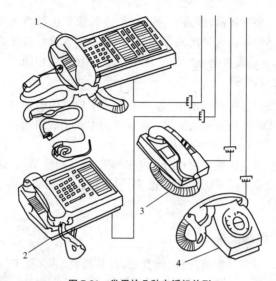

图7-31　常用的几种电话机外形

1—话务台豪华型电话；2—标准型电话；3—按键电话；4—拨号盘式电话

四、电话通信系统工程图

1. 电话通信系统工程图常用图形符号

电气通信系统工程常用图形符号，见表 7-15。

表 7-15　　　　　　　　　电话通信系统工程常用图形符号

序号	图形符号	说明	备注
1	⊠	架空交接箱	
2	⊠	落地交接箱	
3	⊠	壁盒交接箱	
4	⊠	墙挂交接箱	

序号	图形符号	说明	备注
5	TP	在地面安装的电话插座	
6	PS	直通电话插座	
7		室内分线箱	可加注 $\dfrac{A-B}{C}D$
8		室外分线箱	A—编号　B—容量 C—线号　D—用户数
9	PBX	程控交换机	
10	●	电话出线盒	
11		电话机	
12		电传插座	
13		传真收报机	

2. 电话通信系统工程图识读实例

(1)电话通信系统图。如图 7-32 所示为某教学大楼电话通信系统图。从图中可以看出,由室外穿墙进户引来 10 对 HYV 型电话线缆,接入设在建筑物一层的总电话分线箱,穿管径为 25mm 的薄壁紧定式钢管

(JDG25)。从分线箱引出 8 对 RVS-2×0.5 型塑料绝缘双绞线,分别穿不同管径的 JDG 管,单独引向每层的各个用户终端——电话插座(TP)。其中 8 对 RVS 双绞线穿管径为 25mm 的 JDG 管,6 对 RVS 双绞线穿管径为 20mm 的 JDG 管,4 对及以下 RVS 双绞线穿管径为 15mm 的 JDG 管。每层设有 2 个暗装底边距地 0.3m 的电话插座,四层共计 8 个电话插座。

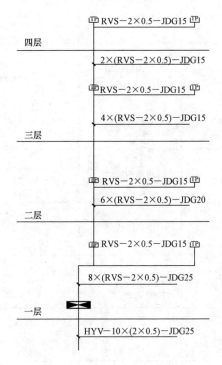

图 7-32　某教学大楼电话通信系统图

　　(2)电话通信系统平面图。如图 7-33 所示为某办公大楼三层电话通信系统平面图。从图中可以看出,三层电话分接线箱信号通过 HYA-10 (2×0.5mm)型电缆由二楼分接线箱引入。每个办公室有电话出线盒 2 只,共 12 只电话出线盒。各路电话线均单独从信息箱分出,分接线箱引出的支线采用 RVB-2×0.5 型双绞线,穿 PC 管敷设。出线盒暗敷在墙内,离地 0.3m。

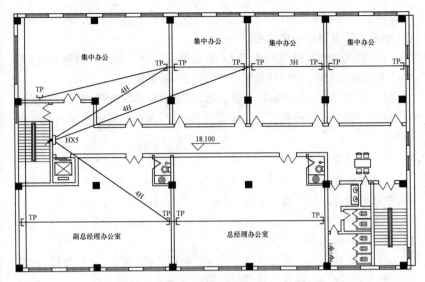

图 7-33　某办公大楼三层电话通信系统

第六节　扩声与音响工程图

广播音响系统是智能建筑中传播实时信息的重要手段。当广播音响系统有消防广播和背景音乐广播双重功能时,其分区划分也与消防分区相一致。消防控制中心的传声器和数控式录放机接入广播音响系统,根据需要而切入广播音响系统中。某些公共场所(如会议厅等)的公共广播,还设有自助转接插座,可进行节目自播及演讲。

一、扩声与音响系统的分类

1. 按功能分类

(1)客房音响。根据宾馆等级,配置相应套数的娱乐节目。节目来自电台接收及自办一般单声道播出。应设置应急强切功能,以备消防急需。

(2)背景音响。为公共场所的悦耳音响,营造轻松环境。亦为单声道,且具备应急强切功能。亦称公共音响,有室内、室外之分。

(3)多功能厅音响。多功能厅一般多用为会议、宴席、群众歌舞,高档的还能作演唱、放映、直播。不同用途的多功能厅的音响系统档次、功能差异甚远。但均要求音色、音质效果,且配置灯光,甚至要求彼此联动配合,亦要求具有紧急强切功能。

(4)会议音响。包括扩音、选举、会议发言控制及同声传译等系统,有时还包括有线对讲、大屏幕投影、幻灯、电影、录像配合。

(5)紧急广播。诸如消防等紧急状态,能以最高优先级取代所有其余音响而传递信息、指挥调度。应注意公共场所,人员聚集地及房间的可靠收听。

2. 按用途分类

(1)业务性广播。满足以业务及行政管理为目的,以语言为主的广播,如在开会、宣传、公告、调度的时候。

(2)服务性广播。满足以娱乐、欣赏为目的,以音乐节目为主的广播,如在宾馆、客房、商场、公共场所等。

(3)紧急性广播。满足紧急情况下以疏散指挥、调度、公告为目的,以优先性为首的广播,如在消防、地震、防盗等应急处理的时候。

二、扩声与音响系统的组成

一个完整的广播音响系统由节目源设备、信号放大和处理设备、传输线路、扬声器系统组成。

(1)节目源设备。相应的节目源设备有 FM/AM 调谐器、电唱机、激光唱机和录音机等。还包括传声器(话筒)、电视伴音(包括影碟机、录像机和卫星电视的伴音)、电子乐器等。

(2)信号放大和处理设备。信号的放大就是指电压放大和功率放大,其次是信号的选择处理,即通过选择开关选择所需要的节目源信号。

(3)传输线路。对于厅堂扩声系统,由于功率放大器与扬声器的距离不远,采用低阻抗式大电流的直接馈送方式。对于公共广播系统,由于服务区域广、距离长,为了减少传输线路引起的损耗,往往采用高压传输方式。

(4)扬声器系统。扬声器是能将电信号转换成声信号并辐射到空气中去的电声换能器,一般称之为喇叭。在弱电工程的广播系统中有着广泛的应用。

三、扩声与音响设备

下面介绍几种在广播音响系统中经常使用的设备。

(1)传声器。传声器又叫话筒或麦克风,它是将声音信号装换为相应的电信号的电声换能器件。按电信号传输方式分为有线话筒和无线话筒。

(2)扬声器。扬声器又称为喇叭,是发出声音的器件,是音响系统最关键的部分,可直接影响声音的品质。扬声器有多种,常用的有号筒式扬声器、天花板式扬声器、音乐扬声器、音箱、音柱等。

(3)扩音机。扩音机是有限广播系统的重要设备之一。它主要是将各种方式产生的弱音频输入电压加以放大,然后送至各用户设备。扩音机上除了各种控制设备和信号外,主要由前级放大器和功率放大器两大部分组成。

(4)调音台。调音台是专业音响系统的中心控制设备,使用调音台主要是为了能使多个音源同时使用,对各个声音信号进行放大、衰减、混合和分配。

(5)均衡器。均衡器用来校正扩声系统的频响效果,也叫音调调整。它的主要作用是校正音响设备产生的频率特性畸变,补偿节目信号中欠缺的频率成分,抑制过重的频率成分。

(6)压缩器、限制器和扩展器。压限器就是对声源信号进行自动控制,使其信号在正常的范围内,分为压缩和限制两个功能。扩展器和压缩器一样,也是一种增益随输入电平变化而变化的放大器。压限器、扩展器广泛用在专业音响系统中,通过压限器可以压缩信号动态范围,防止过饱和失真,并能有效保护功放和音箱;压限器、扩展器的配合使用可以降低噪声电平,提高信号传输通道的信噪比。

(7)卡式录音机。卡式录音机也叫卡座,用来播放事先录制好的声音信号,可以预先收集制作所需要的声音材料。卡式录音机分为单卡式和双卡式,卡式录音机上常带有收音机,可以方便地播放广播电台的节目。

(8)激光唱机。激光唱机又称 CD 唱机,是音响系统中的常用生源设备,是一种只能放音的小型数字音响唱片系统。

(9)前置放大器。前置放大器又称前级放大器。它的地位相当于调音台,它的作用同样是将各种节目源设备送来的信号进行电压放大和各种功能处理,其输出信号送往后续功率放大器进行功率放大。

(10)功率放大器。功率放大器是将前置放大器或调音台送来的音频信号进行功率放大,去推动后级扬声器系统,实现电声转换。

(11)频率均衡器。频率均衡器是用来对频响曲线进行调节的设备,均衡器能对音频信号的不同频段进行提升或衰减,以补偿信号拾取、处理过程中的频率失真。

四、扩声与音响系统图

1. 扩声与音响系统图的图形符号

扩声与音响系统图常用的图形符号,见表7-16。

表 7-16　　　　　　常用广播音响设备的图形符号

序号	名　称	图形符号	说　明
1	天线		各种天线一般符号
2	传声器		传声器一般符号
3	扬声器		扬声器一般符号
4	扬声器—传声器		
5	受话器		受话器一般符号
6	双只头戴受话器		
7	监听器		
8	放大器	或	放大器一般符号

序号	名　称	图形符号	说　明
9	可调放大器	▷ 或 ▷	
10	录放机		盒式针式激光唱片式等各种录放机的一般符号
11	可调均衡器		
12	广播分线箱		

2. 扩声与音响系统图实例

　　某宾馆客房广播音响系统图,如图 7-34 所示。从图中可以看出,多套音乐节目供用户选择,并控制音量(多在床头柜控制台);紧急广播强切,包括客人关闭音乐节目欣赏的状况。

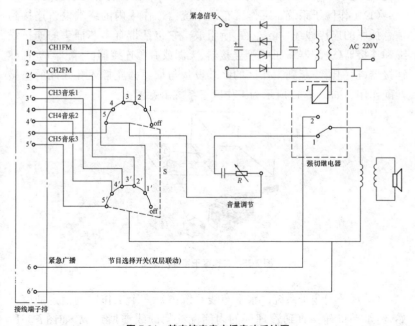

图 7-34　某宾馆客房广播音响系统图

第七节　综合布线系统图

综合布线系统是一种开放式的传输平台,是各种多媒体通信业务网的最后 100m 传输线路,目前能支持高于 600MHz 的高速数据传输,是智能化建筑的高效神经系统。综合布线系统以一种传输线路满足各种通信业务终端(如电话机、传真机、计算机、会议电视等)的要求,再加上多媒体终端集话音、数据、图像于一体,给用户带来了灵活方便的应用和良好的经济效益。只要传输频率符合相应等级的布线系统的要求,各种通信业务都可应用。因此,综合布线系统是一种通用的开放式的传输平台,具有广泛的应用价值。

一、综合布线系统的组成

综合布线系统由六个子系统组成,它们是工作区子系统、水平配线子系统、管理子系统、垂直干线子系统、建筑群子系统和设备间子系统。

(1)工作区子系统。工作区布线系统由工作区内的终端设备连接到信息插座的连接线缆(3m 左右)所组成。它包括带有多芯插头的连接线缆和连接器(适配器),如 Y 型连接器、无源或有源连接器(适配器)等各种连接器(适配器),起到工作区的终端设备与信息插座插入孔之间的连接匹配作用。如图 7-35 所示为工作区子系统示意图。

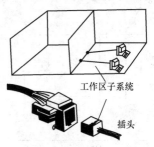

图 7-35　工作区子系统示意图

(2)水平配线子系统。水平布线系统由每一个工作区的信息插座开始,经水平布置一直到管理区的内侧配线架的线缆所组成,如图7-36所示。水平布线线缆均沿大楼的地面或吊平顶中布线,最大的水平线缆长度应为90m。水平干线子系统布线根据建筑物的结构特点,按路由(线)最短、造价最低、施工方便、布线规范等几个方面考虑,优先最佳的水平布线方案。如图7-37所示,水平布线方案一般可采用三种布线方式。

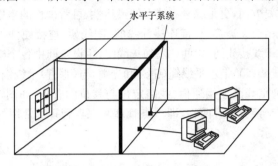

图 7-36　水平配线子系统示意图

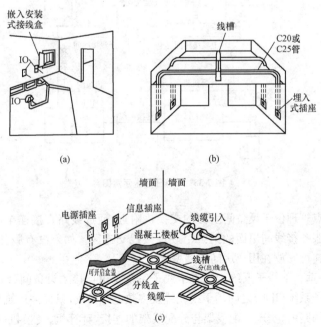

(a)　　　　　　　　　　　(b)

(c)

图 7-37　水平干线子系统布线方案

(a)直接埋管布线方式;(b)先走线槽再走只管布线方式;(c)地面线槽方式

　　（3）管理子系统。在综合布线六个系统中,管理子系统的理解定义有所差异,单从布线的角度上看,称之为楼层配线间或电信间是合理的,而且也很形象;但从综合布线系统的最终应用——数据、语音网络的角度去理解,称之为管理子系统更合理。它是综合布线系统区别于传统布线系统的一个重要方面,更是综合布线系统灵活性、可管理性的集中体现。管理区子系统由交叉连接、直接连接配线的（配线架）连接硬件等设备所组成。以提供干线接线间、中间（卫星）接线间、主设备间中各个楼层配线架（箱）、总配线架（箱）上水平线缆（铜缆和光缆）与（垂直）干线线缆（铜缆和光缆）之间通信线路连接通信、线路定位与移位的管理,如图 7-38 所示。一般的管理交接方案有两种,即单点管理和双点管理。常用的管理方案如图 7-39 所示。

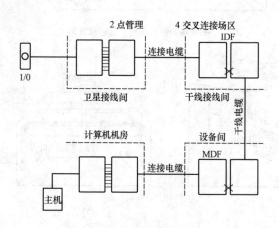

图 7-38　管理子系统示意图

　　单点管理位于设备间里面的交换机附近,通过线路直接连至用户间或连至服务接线间里面的第二个硬件接线交连区。如果没有服务间,第二个交连可安放在用户房间的墙壁上。

　　（4）垂直干线子系统。垂直干线子系统是由连接主设备间（MDF）与各管理子系统（IDF）之间的干线光缆及多数电缆构成,只提供建筑物的主干电缆的路由,实现主配线架与分配线架的连接,计算机、交换机（PBX）、控制中心与各管理子系统间的连接,如图 7-40 所示。垂直干线子系统的

功能是通过建筑内部的传输电缆或光缆,把各接线间和二级交接线间的
信号传送到设备间,直至传送到最终接口,再通往外部网络。

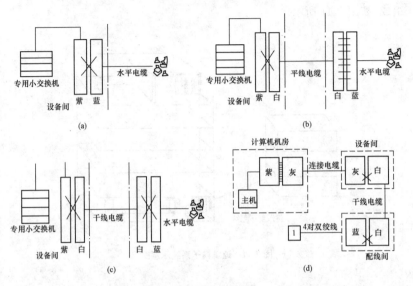

图7-39　管理交接方案

(a)单点管理-单交连;(b)单点管理-双交连;
(c)双点管理-双脚连;(d)双点管理-三交连

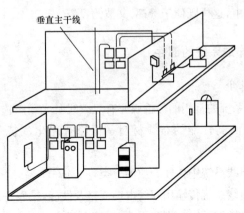

图7-40　垂直干线子系统

（5）建筑群子系统。它是将多个建筑物的数据通信信号连接为一体的布线系统。通常由电缆、光缆和入口处的电气保护设备等相关硬件所组成，如图 7-41 所示。

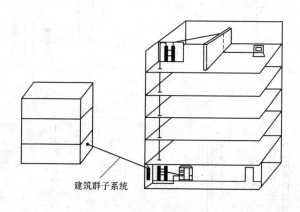

建筑群子系统

图 7-41　建筑群子系统示意图

（6）设备间子系统。设备间布线子系统由设备间中的线缆、连接器和相关支撑硬件所组成，它把公共系统的不同设备（如 PABX、HOST、BA 等通信或电子设备）互相连接起来。通常将计算机房、交换机房等设备间设计在同一楼层中，这样既便于管理，又节约投资。

二、综合布线系统的部件

1. 传输媒介

综合布线系统的常用的传输媒介有双绞线及光缆。选择传输性能和电气参数一致的高性能的布线材料是保障智能化建筑质量的重要生命线。

（1）综合布线系统中传输介质的分类，见表 7-17。

（2）综合布线系统传输用双绞电缆规格及性能，见表 7-18～表 7-21。

（3）对绞电缆的不同类别和用途，见表 7-22。

表 7-17　　　　　　　　　综合布线系统中传媒介质的分类

序号	项　目	内　　容
1	水平布线传输介质的分类	传输介质水平区用线如图 1 所示。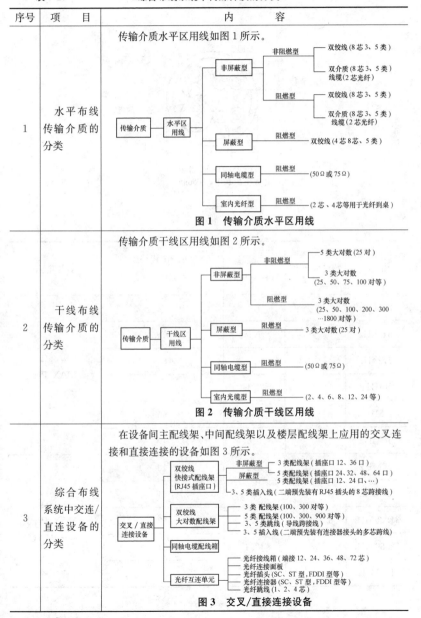图 1　传输介质水平区用线
2	干线布线传输介质的分类	传输介质干线区用线如图 2 所示。图 2　传输介质干线区用线
3	综合布线系统中交连/直连设备的分类	在设备间主配线架、中间配线架以及楼层配线架上应用的交叉连接和直接连接的设备如图 3 所示。图 3　交叉/直接连接设备

表 7-18　　　　　**5 类 4 对非屏蔽双绞电缆电气特性**

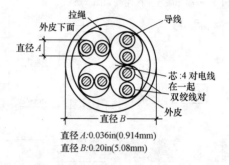

直径 A:0.036in(0.914mm)
直径 B:0.20in(5.08mm)

频　率	特性阻抗/Ω	最大衰减/ (dB/100m)	近端串扰/dB （最差对）	直流电阻
256kHz	—	1.1	—	9.38Ω MAX. Per 100m@20℃
512kHz	—	1.5	—	
772kHz	—	1.8	66	
1MHz	85～115	2.1	64	
4MHz		4.3	55	
10MHz		6.6	49	
16MHz	85～115	8.2	46	9.38Ω MAX. Per 100m@20℃
20MHz		9.2	44	
31.25MHz		11.8	42	
62.50MHz		17.1	37	
100MHz		22.0	34	

表 7-19   **5 类 4 对 100Ω 屏蔽双绞电缆电气特性**

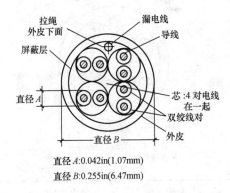

直径 A:0.042in(1.07mm)

直径 B:0.255in(6.47mm)

频 率	特性阻抗/Ω	最大衰减值/ (dB/100m)	近端串扰/dB (最差对)	直流电阻
256kHz	—	1.1	—	
512kHz	—	1.5	—	
772kHz	—	1.8	66	
1MHz		2.1	64	9.38Ω MAX. Per 100m@20℃
4MHz		4.3	55	
10MHz	85～115	6.6	49	
16MHz		8.2	46	
20MHz		9.2	44	
31.25MHz		11.8	42	9.38Ω MAX. Per 100m@20℃
62.50MHz	85～115	17.1	37	
100MHz		22.0	34	

表 7-20   **5 类 4 对屏蔽双绞电缆软线电气特性**

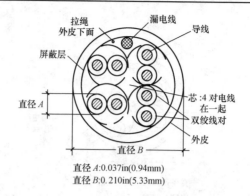

直径 A:0.037in(0.94mm)
直径 B:0.210in(5.33mm)

频 率	特性阻抗/Ω	最大衰减/ (dB/100m)	近端串扰/dB （最差对）	直流电阻
256kHz	—	—	—	
512kHz	—	—	—	
772kHz	—	2.5	66	
1MHz		2.8	64	
4MHz		5.6	55	14.0Ω
10MHz		9.2	49	MAX. Per
16MHz		11.5	46	100m@20℃
20MHz	85～155	12.5	44	
31.25MHz		15.7	42	
62.50MHz		22.0	37	
100MHz		27.9	34	

电缆编号	1061	2061
绝缘 材料厚度	高密度聚乙烯 0.20mm	氟 46 0.13mm
护套 材料厚度	聚氯乙烯 0.76mm	低发泡聚氯乙烯 0.25mm
电缆外径/mm	5.6	4.6

续表

电缆编号	1061	2061
重量/(kg·km^{-1})	34.5	28.6
互电容/(pF·m^{-1})	46	46
特性阻抗/Ω	100±15	100±15
直流电阻 Max/(Ω·km^{-1})	93.8	93.8

注:本表列出美国 AT&T 公司生产的五类 UTP 电缆 1061 和 2061 型号的结构参数和性
能指标。UTP 电缆按对数分有 2 对、4 对、8 对、16 对、25 对等,其中 4 对用量最多。使
用加有屏蔽的 STP 电缆能使电缆传输更高的数据速率,但电缆的成本也上升。

表 7-21　　　　　　　　　5 类 4 对非屏蔽双绞电缆软线电气特性

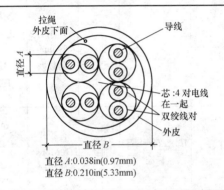

直径 A:0.038in(0.97mm)
直径 B:0.210in(5.33mm)

频　率	特性阻抗/Ω	最大衰减值/ (dB/100m)	近端串扰/dB (最差对)	直流电阻
256kHz	—	—	—	
512kHz	—	—	—	
772kHz		2.0	66	
1MHz		2.3	64	
4MHz		5.3	55	8.8Ω
10MHz		8.2	49	MAX. Per
16MHz		10.5	46	100m@20℃
20MHz	85～115	11.8	44	
31.25MHz		15.4	42	
62.50MHz		22.3	37	
100MHz		28.9	34	

表 7-22　　　　　　　　　对绞电缆的不同类别和用途

类别		相应标准			支持的信号频率	典型用途
		EIA/ TIA—568 TSB—36	NEMA WC63	UL		
100Ω UTP 双绞线	1			Ⅰ类	音频和 低速数据 （20Kbps）	模拟或数字电话
	2			Ⅱ类	音频和 1Mbps 的数据	1.44Mb/sISDN 1.54Mb/s 数字电话 IBM 3270 网， IBM AS/4000 网 IBM system/3X 网
	3	3 类	100—24—STD （标准）	Ⅲ类	音频和 10Mbps 的数据	10Base—T 以太网 4Mb/s 令牌环网 IBM 3270.3X. AS/4000 网 ISDN
	4	4 类	100—24—LL （低损）	Ⅳ类	音频和 20Mbps 的数据	10Base—T 以太网 16Mb/s 令牌环网
	5	5 类	100—24—XF （扩展频率）	Ⅴ类	音频和 100Mbps 的数据	10Base—T 以太网 16Mb/s 令牌环网，ATM 100Mb/s 分布式数据接口
150Ω STP		EIA/ TIA150	150—22—LL			16Mb/s 令牌环网 100Mb/s 分布式数据接口 宽带视频信号

(4)光缆的传输特性。光缆即光纤线缆。光纤是光导纤维的简称,它是用高纯度玻璃材料及管壁极薄的软纤维制成的新型传导材料。光纤一般分为多模光纤和单模光纤两种。单模光纤和多模光纤可以从纤芯的尺寸大小来简单地判别。纤芯的直径只有传递光波波长几十倍的光纤是单模,特点是芯径小包皮厚;当纤芯的直径比光波波长大几百倍时,就是多模光纤,特点是芯径大包皮薄。多模光纤是光纤里传输的光模式多,管径愈粗其传输模式愈多。由于传输光模式多,故光传输损耗比单模光纤大,一般约为 3dB/km(对于 $\lambda=0.8\mu m$),宜作较短距离传输。单模光纤传输的是单一模式,具有频带宽、容量大、损耗低(传输距离远)的优点,对 $\lambda=1.3\mu m$,其损耗小于 0.5dB/km,故宜作长距离传输。但单模光纤因芯线较细(内外径约为 $3\sim10\mu m/125\mu m$),故其连接工艺要求高,价格也贵。而多模光纤因芯线较粗,连接较容易,价格也便宜。

目前,各公司生产的光纤的包层直径均为 $125\mu m$ 。其中 $62.5/125\mu m$ 光纤被推荐应用于所有的建筑综合布线系统,即其纤芯直径为 $62.5\mu m$,光纤包层直径为 $125\mu m$ 。在建筑物内的综合布线系统大多采用 $62.5/125\mu m$ 多模光纤。它具有光耦合效率较高、光纤芯对准要求不太严格、对微弯曲和大弯曲损耗不太灵敏等特点,为 EIA/TIA-568 标准所认可,并符合 FDDI 标准。有关光纤的传输特性,见表 7-23。

表 7-23　　　　　　　　　光纤的传输特性(25℃±5℃)

波长/μm	最大衰减/ (dB/km)	最低信息传输 能力/(MHz/km)	光纤类型	带宽/ (MHz/km)
0.85	3.75	160	多模	160
1.3	1.5	500	单模	500

2. 连接器件

(1)光缆绞接件是通用光纤盒(UFOC)。它可以连接组合光缆、带状光缆和跨接线光缆。采用光缆护套后,一个 UFOC 可提供 4 根带状光缆、8 根组合光缆(LightPack)、8 根束状建筑物光缆入口。

(2)线路管件有光缆互连装置(LIU)和光纤交连框架(LGX)。光缆互连装置 LIU 的情况见表 7-24。

表 7-24　　　　　　　　　　光缆互连装置(LIU)

型号	外形尺寸 (宽×长×高)	容纳的光纤端接数量		选用光纤 互连单元
		个	单元数	
LIU—100A	19.05mm×22.22mm×7.63mm	12	2×10A	10A 光纤连接 器面板,可安装 6 个 ST 耦合器
LIU—200A	19.05mm×22.22mm×10mm	24	2×100A	
LIU—400A	43mm×28mm×15mm	24 绞接 24 端接	4×100A	

　　光纤传输系统中的标准连接装置(LIU)是用来端接光纤和跨接线光缆的设备,支持 ST 连接器,LIU 互连装置分别有端接 12 芯、24 芯、48 芯光缆等几种规格,如图 7-42 所示。

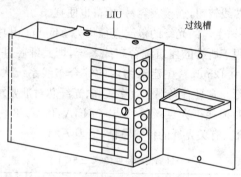

图 7-42　光纤连接装置

　　(3)光纤端接架(盒)是光纤线路的端接和交连的地方。它的模块化设计允许灵活地把一个线路直接连到一个设备线路或利用短的互连光缆把两个线路交连起来。可用于光缆端接,带状光缆、单根光纤的接合以及存放光纤和跨接线。大楼 LGBC 光缆或室外光缆(OSP)均可直接连接到此类架子上去。

　　3. 信息插座

　　(1)目前使用的信息插座(I/O)有两种型号:T568A 和 T568B。它们的接线情况如图 7-43 所示。在具体工程中是采用 T568A 还是 T568B 由用户决定,但在同一个工程中不能混合使用。

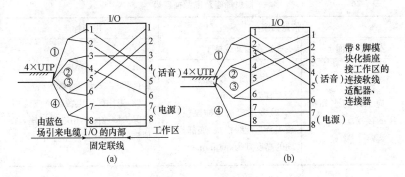

图 7-43　I/O 接线关系

(a)T568A；(b)T568B

（2）以 T568B 为例的常用的几种应用接线范围见表 7-25。在 I/O 的四对接线端子中，有一对用于话音通信，两对用于数据传输，还有一对为电源线（作配件供电用）。

表 7-25　　　　　　　信息插座(I/O)端脚连接

UTP 引线应用范围	信息插座(I/O)接线端脚			
	4、5	3、6	1、2	7、8
语音	●	○	○	○
ISO8877(ISDN)	●	●	○	○
IEEE802.5b(令牌环)	●	●		
IEEE802.3i(10Base-T)		●	●	
ANSI X3T9.5(TP-PMD)			●	●
IEEE802.3(100Mbps)	○	○	○	○
ATM(155Mbps)			○	○

注："○"表示供选用执行程序或正在开发的标准。

　　　"●"表示必须选用者。

（3）工作区信息插座的安装及工作区的电源应符合表 7-26 的规定。

表 7-26　　　　　　　　　　信息插座及电源插座表

信息插座		电源插座
安装在地面上	安装在墙面或柱上	
应采用防水和抗压的接线盒	(1)信息插座底部离地面的高度宜为 300mm。 (2)多用户信息插座模块,或集合点配线模块,底部离地面的高度宜为 300mm	(1)每 1 个工作区至少应配置 1 个 220V 交流电源插座。 (2)工作区的电源插座应选用带保护接地的单相电源插座,保护接地与零线应严格分开

三、综合布线系统工程图

1. 综合布线系统工程常用图形符号

综合布线系统工程常用图形符号,见表 7-27。

表 7-27　　　　　　　　综合布线系统工程常用图形符号

序号	图形符号	图形名称	说　明
1		设备机架屏盘	设备机架、屏、盘等的一般符号
2	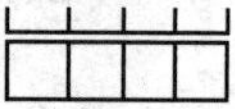	列架	列架的一般符号
3	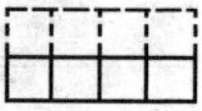	双面列架	
4	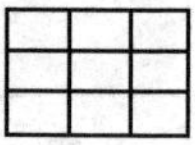	总配线架	建筑群配线架(CD)、建筑物配线架(BD)、总配线架(MDF)
5	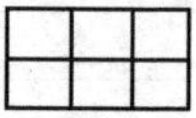	中间配线架	中间配线架的一般符号 注:可在图中标注以下字符,具体表示为 DDF:数字配线架;ODF:光缆线架;VDF:单频配线架;IDF:中间配线架
6	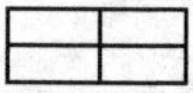	配线箱(柜)	楼层配线架(FD)

序号	图形符号	图形名称	说　　明
7		综合布线系统的交接(交叉连接)	建筑群配线架(CD);建筑物配线架(BD);楼层配线架(FD)均有这种连接方式 限在综合布线系统工程中使用
8		综合布线系统的互联(互相连接)	同上
9		走线架(梯架)	
10		槽道(桥架)	
11		走线槽(明槽)	设在地面上的明槽
12		走线槽(暗槽)	设在地面下的暗槽
13	简化形	电话机	电话机的一般符号
14		拨号盘自动电话机	

序号	图形符号	图形名称	说　　明
15		按键电话机	
16	─┤A├─	自动交换设备	A处加注文字符号表示其规格型式,如 SPC:程控交换机;XB:纵横制交换机;PAC:分组交换机;T:电报交换机
17	+ － × ÷	计算机	
18		计算机终端	
19	DTE	数据终端设备	
20	─(A)─	适配器	A处可用技术标准或特征表示,如 LAM
21	MD	调制解调器	
22	RSU ᴬ	远端模块局站	A处为规格、形式
23	─⊘─	光纤或光缆	光纤或光缆的一般符号

序号	图形符号	图形名称	说　　明
24		多模突变型光纤	
25		多模渐变型光纤	
26		单模实变型光纤	
27	*a/b/c/d*	光纤各层直径的补充数据	从内到外表示： *a*:纤芯直径;*c*:一次被覆层直径; *b*:包层直径;*d*:外扩层直径
28	12　50/125	光纤各层直径的补充数据示例	具有 12 根多模突变型光纤的光缆,其纤芯直径为 $50\mu m$,包层直径为 $125\mu m$
29	4　Cu0.9　12　50/125	铜线和光纤组成的综合光缆	0.9 表示铜导线直径为 0.9mm;4 和 12 分别表示铜线和光纤的根数和芯数
30	简化形	永久接头 （固定接头）	
31	简化形	可拆卸接头 （活接头）	

序号	图形符号	图形名称	说　　明
32	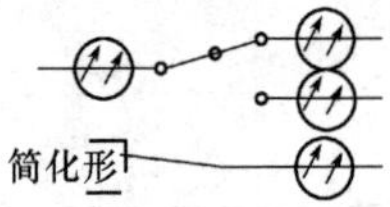 简化形	自动倒换接头 （光纤电路转换） 接点	
33		连接器（一）	插头-插座
34	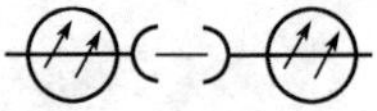	连接器（二）	插座-插头-插座
35		导线、电缆、 线路的一般符号	本符号表示一条导线、电缆、线路或其他各种电信电路,其用途可用字母表示: 　F:电话;V:视频（电视）;B:广播;T:数据;S:声道(电视广播);CT:槽道(桥架) 　线路如为综合性,则将字母相加表示,如(F+T+V)
36		直埋电缆	图中有黑点表示电缆接头
37		架空线路	
38	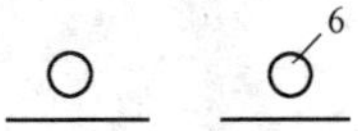	管道线路	管孔数量、截面尺寸或其他特征(如管道的排列形式),可标注在管道线路的上方,示例:表示6孔管道的线路
39		沿建筑物明 敷设通信线路	

续表

序号	图形符号	图形名称	说　　明
40	—／—／—／—	沿建筑物暗敷设通信线路	
41	◯ A-B C	电杆的一般符号	可以用文字标注 A:杆材或所属部门;B:杆长;C:杆号
42	◯ A	电杆	电杆 A 处加注: 如 H:H 形杆;△:三角杆;L:L 形杆;♯:四角杆(井形杆)

2. 综合布线系统工程系统图

某住宅楼综合布线系统工程系统图,如图 7-44 所示。从图中可以看出,程控交换机引入外网电话,集线器(SwitchHUB)引入计算机数据信息。电话语音信息使用 10 条 3 类 50 对非屏蔽双绞线电缆(1010050UTP×10),1010 是电缆型号。计算机数据信息使用 5 条 5 类 4 对非屏蔽双绞线电缆(1061004UTP×5),1061 是电缆型号。主电缆引入各楼层配线架(FDFX),每层 1 条 5 类 4 对电缆、2 条 3 类 50 对电缆。配线架型号 110PB2-300FT,是 300 对线 110P 型配线架,3EA 表示 3 个配线架。188D8 是 300 对线配线架背板,用来安装配线架。从配线架输出到各信息插座,使用 5 类 4 对非屏蔽双绞线电缆,按信息插座数量确定电缆条数,一层(F1)有 73 个信息插座,所以有 73 条电缆。M100BH-246 是模块信息插座型号,M12-246 是模块信息插座面板型号,面板为双插座型。

3. 综合布线系统工程平面图

某商业大厦六层综合布线系统平面图,如图 7-45 所示。从图中可以看出,水平线槽由弱电间引出,辐射安装到各个房间。根据建筑电气设计规范,水平线槽选用镀锌金属线槽,每个房间的管线采用 DG 薄壁型金属管,引至距地 30cm,做暗装接线盒,与信息插座相连。

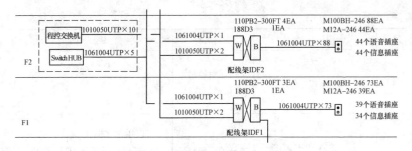

图 7-44 某住宅楼综合布线工程系统图

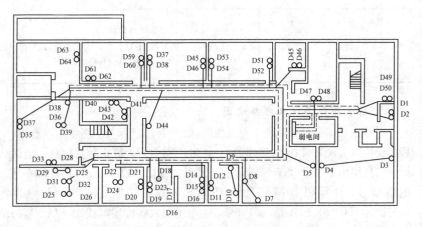

图 7-45 某商业大厦六层综合布线系统平面图

参考文献

［1］国家标准．GB/T 50786—2012 建筑电气制图标准［S］．北京：中国建筑工业出版社，2012．

［2］北京市建筑设计研究院．建筑电气专业技术措施［M］．北京：中国建筑工业出版社，2005．

［3］李文武．简明建筑电气安装工手册［M］．北京：机械工业出版社，2004．

［4］吕光大．建筑电气安装工程施工图集［M］．北京：中国电力出版社，2000．

［5］俞丽华．电气照明［M］．上海：同济大学出版社，2001．

［6］杨光臣．建筑电气工程图识读与绘制［M］．北京：中国建筑工业出版社，2001．

［7］高霞，杨波．建筑电气施工图识读技法［M］．合肥：安徽科学技术出版社，2007．

［8］刘键．智能建筑弱电系统［M］．重庆：重庆大学出版社，2001．

发展出版传媒　服务经济建设

传播科技进步　满足社会需求

我们提供

图书出版、图书广告宣传、企业定制出版、团体用书、会议培训、其他深度合作等优质、高效服务。

编辑部	图书广告	出版咨询	图书销售
010-68343948	010-68361706	010-68343948	010-68001605

jccbs@hotmail.com　　www.jccbs.com.cn

中国建材工业出版社
China Building Materials Press